情绪掌控术 （完美升级版）

乐 律◎著

T H E

M O O D

C O N T R O L

T E C H N I Q U E

台海出版社

图书在版编目（CIP）数据

情绪掌控术：完美升级版 / 乐律著 . -- 北京：台
海出版社，2019.5
　　ISBN 978-7-5168-2311-8

　　Ⅰ . ①情… Ⅱ . ①乐… Ⅲ . ①情绪—自我控制—通俗
读物 Ⅳ . ① B842.6-49

中国版本图书馆 CIP 数据核字（2019）第 057630 号

情绪掌控术：完美升级版

著　　者：乐　律

责任编辑：赵旭雯　王慧敏　　　　装帧设计：仙　境
责任印制：蔡　旭

出版发行：台海出版社
地　　址：北京市东城区景山东街 20 号　邮政编码：100009
电　　话：010 — 64041652（发行，邮购）
传　　真：010 — 84045799（总编室）
网　　址：www.taimeng.org.cn/thcbs/default.htm
E - mail：thcbs@126.com

经　　销：全国各地新华书店
印　　刷：三河市文通印刷包装有限公司
本书如有破损、缺页、装订错误，请与本社联系调换

开　　本：710 毫米 ×1000 毫米　1/16
字　　数：195 千字　　　　　　　印　　张：15
版　　次：2019 年 10 月第 1 版　　印　　次：2019 年 10 月第 1 次印刷
书　　号：ISBN 978-7-5168-2311-8

定　　价：49.80 元

前　言

生活中，我们都有这样的体验：在情绪好、心情爽的时候，思路开阔、思维敏捷，工作和办事效率高；反之，在情绪低沉、心情抑郁的时候，会思路阻塞、动作迟缓，效率很低。

一个人过于情绪化，芝麻大小的事情都表露在脸上，注定撑不起场面，很难有大的作为。

比能力更重要的是心理素质！一个人最后在社会上占据什么位置，绝大部分取决于控制情绪的能力。稳定情绪、处变不惊、游刃有余，这样才能与快乐为伴，与成功为伍。

有一次，著名专栏作家哈理斯和朋友去买报纸，交完钱，那位朋友礼貌地对卖报人说了声谢谢，但对方态度冷漠，没有一句客套话。

"这家伙态度很差，是不是？"在回家的路上，哈理斯问道。

"是啊，他每次都是这样。"朋友漫不经心地说，丝毫没有生气。

"那你为什么还对他这样客气？"哈理斯有点疑惑了。

朋友微笑了一下，回答说："为什么要让他决定我的行为？"

是的，一个成熟的人，会握住自己快乐的钥匙。他不期待别人使他快乐，反而能将快乐与幸福带给别人。这样的人，是情绪的主人。

其实，每人心中都有一把控制情绪的钥匙，但我们却常在不知不觉中把它交给别人掌管。

一位销售人员经常抱怨："我活得很不快乐，因为我经常碰到糟糕的客户。"

一位员工说："我的老板很苛刻，这让我很生气！"

一位女白领说："工作压力太大，我开始变老了！"

一位经理人说："我的竞争对手太强大了，我真命苦啊！"

这些人都做了相同的决定，就是让别人来控制自己的心情。结果，他们在工作和生活中不停地抱怨、随意发怒、情绪焦虑，有些人甚至患上了忧郁症，在悲伤、悔恨中一蹶不振。

安东尼·罗宾有句名言："你有什么样的感觉，你就有什么样的生活。"悲观的人，先被自己打败，然后才被生活打败；乐观的人，先战胜自己，然后才战胜生活。这就是情绪的威力。

情绪总能够以很快的速度形成，快到我们甚至无法察觉，这种速度能够在危急时刻救我们一命，也能够在一瞬间破坏我们的生活。

你无法改变天气，却可以改变心情；你无法控制别人，但可以掌握自己。正确调节自己的情绪，并理解他人的情绪，可以让生活顺风顺水；而错误表达自己的情绪，忽视甚至误解他人的情绪，则可能招致不可估量的损失。

因此，如果你想掌握自己的命运，请先掌控自己的情绪吧！学会调节自己的情绪，管好自己的心情，把握人生的节奏，你会发现成功其实并不难。一旦你学会了正确地表达，控制自己的情绪，就能自由地体验不同的感受，在职场、社交、家庭等各方面游刃有余，活出充满诗意的人生。

目　录

下篇 情绪管理——做情绪的主人

上篇

情绪调节——修炼你的情商

心理学家霍华·嘉纳说："一个人最后在社会上占据什么位置，绝大部分取决于情商因素。"情商，主要是指一个人调节个人情绪、掌控自我状态，以及处理各种关系、应对复杂状况的能力。

如果控制好个人情绪，不让坏心情上身，善于转移消极情绪，不被他人的糟糕情绪左右，懂得宣泄内心的情感垃圾，那么你就是一个高情商的人，你就能在掌控个人情绪的基础上，掌握自己的命运。

第一章　情绪调控——想掌握自己的命运，请先掌控自己的情绪

作为对外界的一种心理反应，情绪时刻伴随我们左右。不过，情绪差别很大，好情绪让人愉悦、自信，是成功的助推器；坏情绪让人消沉、自卑，是失败的导火线。一个人掌控个人情绪，就能管好心情，进而理好人情，办好事情，成功掌握自己的命运。

1. 心境决定心情

柏拉图说过："决定一个人心情的，不在于环境，而在于心境。"得之，不狂喜；失之，不过悲；成功，不傲于人；失败，不馁于己。不拒绝鲜花与掌声，也不惧怕风雨和泥泞。不怨天，不尤人，这样的人生必然风和日丽。

一位老和尚带着刚出家不久的弟子，云游四方。他们走了很多地方，一路上小和尚总是抱怨行囊太重，要求找个地方歇会儿。

这时候，老和尚总是说："再走一会儿吧，再走一会儿吧。"结果，他走得越来越快，小徒弟在后面奋力追赶，累得气喘吁吁。

这一天，师徒俩走了好长一段山路，经过一个村庄。小和尚实在太累了，一屁股坐在地上："师父！我走不动了，休息一下吧！"

恰巧，一个妇女迎面走来。老和尚突然跑过去，抓住那个妇女的双手。结果，对方吓了一大跳，并立即大叫："救命啊！老和尚非礼啊！"

村里的人听到喊声，都跑了出来。看到一个老和尚在拉扯妇女，人们都义愤填膺，齐声喊打。老和尚见势不妙，赶紧松手，撒腿就跑。小和尚愣了好一会才反应过来，背起行囊飞似的跑起来！

师徒俩一路狂奔，不敢停下脚步。跑了几条山路后，见后面没人追来，他们才停下来。小和尚愤愤不平地埋怨："师父！你安的什么心啊？这是参禅悟道吗？我还是回家去吧。"

听到这里，老和尚既不生气，也不解释，只是回过头来关切地问："现在，你还觉得背上的行囊重吗？"

这时，小和尚才意识到自己竟然背着一个沉重的包袱，跑了这么久。他回答道："奇怪，跑的时候一点都不觉得重了。"

望着师父的眼睛，小和尚突然间有所领悟。原来，老和尚是在训练小和尚修行的功夫，刚才"调戏妇女"只不过是一场戏罢了。

一个人的心境不同，对身边事物的感受也不同。小和尚在奔跑的过程中，由于惊慌，根本没时间考虑背上的重量，所以就很轻松。而把沉重的行囊当作一种负担的时候，他就只能时时刻刻感到泰山压顶了。

在生活中也一样，我们如果选择一种安宁平和的心境，就不会有那么多烦恼了。

好心情是自己给自己的。心情的好与坏，心绪的静与闹，决定于自己的心境。那么，一个人的心境又是受哪些因素影响的呢？

（1）个人的价值观

一个人对世界的看法，对人生的领悟，决定了他的价值观。豁达的人，很少有烦恼的时候；感恩的人，很少有斤斤计较的时刻……修炼自己通达、向上的价值观，就容易拥有理智、成熟的观念，心情自然很好。

（2）人与事的影响

在对的时间，遇到对的人，就会兴致盎然；在对的时间，遇到不该遇到的人，则会兴趣索然；在不对的时间，遇到不该遇到的人，则会浑身上下不自在。与人和谐相处，做事圆圆满满，有助于好心情的形成，保持良好的情绪状态。

（3）身边的环境

轻松和谐的环境则会营造一种安静舒心的氛围，心随之感到惬意而满足。反之，紧张沉闷的环境则会制造一种焦躁不安的气氛，心随之感到压抑而郁闷。选择宁静的社区、营造良好的人际关系，都有助于你生活在好的环境里，拥有良好的心境。

当你心绪难平、心情糟糕的时候，不妨换个角度看问题、换个环境理清头绪。心境好了，自然能够顺风顺水，把事情处理得妥妥当当。

【情绪调节】

所谓心境，其实就是对待生活、对待人生的一种态度。乐观的心境成就快乐的人生，悲观的心境造成阴郁的人生。保持良好的心境，在人生不同阶段修炼应有的心境，必然让自己多一些开心和顺意，少一些烦恼和挫折。

2. 情绪化让你坏大事

安东尼·罗宾说过："成功的秘诀就在于懂得怎样控制痛苦与快乐这股力量，而不为这股力量所反制。如果你能做到这点，就能掌握住自己的人生，反之，你的人生就无法掌握。"

很多时候，坏事的不是你的能力或智慧，而是你没有控制住自己的情绪。

因为，控制好了情绪，做事才能游刃有余，扫清成功之路上的障碍。

北京时间 2006 年 7 月 10 日凌晨，世界杯决赛在德国柏林世界杯球场进行，法国与意大利向冠军发起最后的冲击。比赛刚刚开始第 6 分钟，马卢卡为法国队创造了一粒宝贵的点球，齐达内以一记巧妙的"勺子"命中点球，将比分改写为 1 ∶ 0，第 18 分钟时意大利"罪人"马特拉齐头球扳平比分。当比赛进入加时赛，场上风云突变，齐达内极不冷静的举动染红离场。

在加时赛下半场第 3 分钟时场上忽然出现混乱，齐达内失去冷静，在无球情况下一头顶在马特拉齐胸口上，后者顺势倒地，这也使得比赛中断。冲突前，不知马特拉齐对齐达内说了些什么，激怒了这位足球艺术大师。主裁判与助理裁判简单交流之后，出示红牌将齐达内罚出场外，足球艺术大师以这种遗憾的方式告别最后的演出。

在齐达内为球迷带来的精彩表演中，时不时也能见到他脾气暴躁的一面。1998 年世界杯时，齐达内就曾踩踏沙特球员，后又因为在冠军杯比赛中用头恶意顶撞对手被罚禁赛 5 场，而这些还仅仅是齐达内鲁莽行为中的两例而已。

足球场上言语的挑衅司空见惯，齐达内应该用头把球送进意大利的球门，而不是撞向对方的身体。在世界杯决赛中，齐达内头脑发热做出让人匪夷所思的动作。他是在为国家而战，不应为这种无聊的言语放弃国家的荣誉，以这种遗憾的方式告别最后的演出，也让本来占据优势的法国队陷入少一人的被动局面，最终痛失世界杯冠军奖杯。

由此可见，在成功的路上，最大的敌人其实并不是任何外部的条件或是没有机会，而是缺乏对自己情绪的控制。愤怒时，不能制怒，使身边的家人朋友望而却步，无法进一步与你沟通；消沉时，放纵自己的萎靡，把许多稍纵即逝的机会白白浪费。

成就大业的人，都遵循着一个永恒的秘诀：弱者任情绪控制行为，强者让行为控制情绪。想要在生活中更幸福、在工作上更顺心、在事业上更如意，首先要做一个能够掌控自我情绪的人，从而在理性思维的指导下明是非、知进退，甚至把坏事变成好事。

（1）要承认自己情绪的弱点

生活中，每个人都有他的优点和弱点，长处和短处，但不一定都能很好地认识到自己的弱点或是短处。情绪世界中也是一样，为此我们一定要认识自己情绪世界中的弱点和短处，不要回避或视而不见。有的人容易暴躁，而且一暴躁就控制不住自己。怎么办？就要承认自己有这个毛病，在此基础上再认真分析自己容易暴躁的原因是什么，在什么情况下容易激动，然后选择一些方法去克服它。这样做的好处是：可以随时随地提醒自己去克服这个情绪上的弱点。

（2）要放松自己的心情

当发觉自己的情感激动起来时，为了避免立即爆发，可以有意识地转移话题或做点儿别的事情来分散自己的注意力，把思想感情转移到其他活动上，使紧张的情绪松弛下来。这样不仅能放松情绪，还能让你做事更加理性更容易获得成功。

（3）要学会正确评价身边的人和事

对待社会上存在的各种矛盾，有很多情绪化行为是因为不会正确认识、处理人与人之间的矛盾。所以学会全面观察问题，从多个角度、多种观点进行多方面的观察，并能深入到现实中去就显得更加重要和有意义。这样能使自己发现原来发现不了的意义和价值，使自己乐观一点；还会增加我们克服困难的勇气，增加自己的希望、信心，即使遇到严重挫折也不会气馁，不会打退堂鼓。

凡事多一些理性思考，少一些任性姿态，你就能把不良情绪这个魔鬼关在牢笼里，战胜那些企图摧毁你的力量。总之，领悟了情绪变化的奥秘，对于自己千变万化的个性，你就不会再听之任之。做人不情绪化，做事才能按部就班、圆圆满满，这样才能掌握自己的命运，成就辉煌的事业。

【情绪调节】

情绪是个顽皮的孩子，当你有办法控制它的时候，它就会为你的成功添砖加瓦；但是如果你放任它的话，它就会给你制造很多麻烦，甚至破坏你向前的步伐。你要控制好自己的情绪，让你的行为控制你的情绪，而不要让情绪控制你的行为，做你自己情绪的主人。

3. 控制情绪，激发潜能

在生活中，因为各种烦心的琐事，我们都会或多或少地产生不良情绪。这些不好的情绪如果控制得当，就能激发出你的潜能，成就一番功业。

其实，控制情绪是对情绪的一种选择，即抑制不良情绪，使自己转向正面、积极的情绪。如果选择正确，控制到位，就容易在复杂的局面中掌握主动权，变不利为有利，控制好情绪自然会激发更多的潜能！

小丽是一个刚刚毕业的大学生，刚进公司的她什么都不会，不懂的事情又不愿意向别人请教，结果到公司好久还是只能做一些简单的事。

年底，公司领导把员工派到各个地方去见客户，小丽和张姐分在了一组。

客户是一个美国人，张姐用流利的英语和客户聊得很投机，可是小丽因为英语不太好就无所事事地坐在一边，而张姐就顺利地和客户签了下一年的合作意向书。

回到公司以后，老板把小丽叫到办公室，说："你们去见的那个客户昨天下午打电话给我，说派去见他的两个人中，一个连基本的对话都听不懂，希望我下次不要让这样不专业的人接触他公司的业务，所以我想……"

小丽什么都听不下去，冲出了办公室。回到家她把自己关在房间里一直哭。她看着摆在角落里的英语书，心想：我不能这样下去了，愤怒并不能解决任何事情，我要好好学英语，以后谁都不能小瞧我！

从那天以后，小丽每天很认真地学英语。后来她成功地得到了另外一家公司的面试机会，当面试官惊奇地问她为什么英语说得这么好的时候，她说："是愤怒和失败激发出我的潜能，指导我去学的。"

当然，小丽最后顺利地得到了那份工作，而且还越做越好，最后成为那家公司的骨干。

小丽的成功真的是因为愤怒的情绪吗？其实不是这么简单。小丽没有受到别人指责的时候是一个得过且过的人，当受到别人的批评以后，她开始愤怒。但是愤怒的结果有两种，一种是自暴自弃，一种是积极向上。小丽最成功的不是把英语说得多么好，而是她有效地调节了情绪。在愤怒过后，她告诉自己要积极向上，才不会被人看扁，于是她通过努力，获得了更好的前途。但是如果当时她只是自暴自弃，不难想象最后她还将是老样子，甚至更糟糕。

因此，对于潜能的激发，很多人会把功劳归在不良情绪上，但其实真正的功臣是情绪的自我调节。如果你学不会把糟糕的情绪转化为积极的情绪，那么成功也一样遥遥无期。

那么，怎样才能把坏情绪转化为成功的动力呢？

（1）正确评价自己，不要过高或过低地看待自己

对自己有清醒的认识，才能在绝望的时候不放弃自己，失落的时候不小看自己，顺利的时候不高估自己。对自己有正确的认识，做自己可以胜任的事情，对自己有一个合理的预期和评价。这样你才能在不断的进步和成绩中一步一步走向成功。

（2）培养独立的人格，做自己的主人

认识自己的原则，知道什么是你坚持的，什么是你不能容忍的。人云亦云并不能帮你找到解决的办法，反而会让你陷入迷雾之中，最后一点一点地迷失了自己。在你不知如何选择的时候，可以告诉自己"我是在为自己生活，而不是为了别人"。

（3）多发现亲人朋友对自己的爱和帮助

无论是成熟的大人还是孩子，都需要他人的帮助，而家人是你最忠实的支持者。也只有家人的爱才是最无私最温暖的，多发现他们的爱可以让你更有信心面对生活中的困难和挫折。

（4）从多角度审视自己，发现自己的美

每个人都需要在多角度中审视自我、调整自我，不断发现身上的优点，以此鼓励自己，指引自己，并不断地朝理想和成功迈进。

【情绪调节】

很多时候，成功就在一念之间，而"一念"却来自你长期的自我情绪调节。把情绪带到阳光下，就能发挥你无限的潜能，走上人生的康庄大道；相反，把情绪带到阴暗潮湿的环境中，你只会越来越消极。所以情绪的控制很重要，只有把情绪控制在一个好的范围里才能激发你无限的潜能，获得成功。

4. 理性决策需要好的情绪状态

情绪是一种可变化的持续性情感，它直接影响人对事物的看法和行动。情绪伴随着我们一生，任何一个决定都受到情绪的左右，而很多不理性的决策往往都是因为没有一个好的情绪状态。所以要保证自己的决策能够正确、成功，就要学会控制坏情绪的蔓延！

李老板平时工作繁忙，总是没时间在家陪孩子。或许是因为缺少父爱，儿子从小就很叛逆，别人说往西他偏要往东。

这一天，李老板正在公司处理事务，儿子的班主任打来电话，告诉他儿子又逃课了。李老板生气极了，马上回家，看到儿子正在房间玩游戏机。他一脚把儿子的游戏机踢烂，大声问："你还读不读书了？不读趁早退学，省得丢我的脸！"儿子气呼呼地看着爸爸，大声说："我不要你管！"李老板火冒三丈，抬手就给了儿子一巴掌。

儿子捂着脸转身跑出了房间，李老板坐在沙发上颤抖。这时候，他的助理打来电话，原来是一个客户要求他们派人过去，做一些产品使用的演示和讲解。李老板正在气头上，大吼一声："前几天不是才给他们找了一个人过去吗？怎么谁都来找我麻烦，烦不烦啊！"还没等助理把话说完，他就把电话挂了，还关了机。

第二天，李老板回到公司，发现损失了一大笔生意，于是就质问下属为什么会这样。助理说："昨天我给您打电话的时候，客户听到您说的话，就取消了这个订单。我一直尝试和您联系，但是您的电话一直都关机。"

听到这里，李老板追悔莫及。想不到，因为自己在气头上的一句话，就给

公司造成了这么大的损失。

李老板因为自己的坏情绪让决策失去理性，最后事实证明，他的不理性决定是错误的，甚至带来了严重的后果。由此可见，一个正确的决策需要一个好的情绪状态，而一个坏的情绪状态极有可能阻碍事情向前发展的势头。

一个成功者，并不是在人生道路上有多么的一帆风顺，也不是能力有多么超群，而只是因为善于控制自己的心情，能在狂风暴雨中看到美丽的彩虹，甚至能在一败涂地中看到美好的将来，并时刻保持一种良好的心理状态，不为暂时的失败而沮丧。

相反一个失败者，也不是真的像自己所认为的那样缺少机会，或者是资历浅薄，甚至迷信老天无眼，给自己的保佑不够多。很多时候，失败的原因仅仅是不会控制自己的心情，任自己的坏情绪随意放纵：遇事不顺时，怒火中烧，殃及池鱼；遭遇消沉时，借酒消愁，丧失斗志，任自己的萎靡情绪放肆滋长，最后眼看成功与自己擦身而过；得意的时候，忘乎所以，夜郎自大，四面树敌，给自己以后的发展道路增添了许多障碍。

总而言之，成败得失都在于两个字——心情。心情好，则事成；心情坏，则事败。在这里，牢记三个"不要"，是理性决策的护身符。

（1）不要急于求成。事物的发展自有规律，如果你妄想揠苗助长，一夜花开，那只是为失败埋下地雷，总有一天地雷会爆炸。

（2）不要在气急败坏时做决策。因为人的错误一般是由感性而引发的，这种情况下你会失去本该争取的利益，最后败于感性之下。

（3）不要在得意时忘形。不要在得意时做任何决定，而要在正常心态下来决定事情。得意容易忘形，忘形的时候自身的余地就会减少，失败的概率就会增加。

【情绪调节】

一个人的成功来自不断做出的正确决策，而让你失败的就可能只是一个坏情绪带来的不理性的决定。而这个不理性的决定就会让之前辛辛苦苦累积下来的成功变成一堆瓦砾。何不现在就开始控制情绪，避免任何一个可能给你带来失败的坏情绪？

5. 深思熟虑后再采取行动

做事的成败，往往取决于你的反应，千万不要急躁不安、草率行事。在许多场合，如果你能多加考虑，你常常会发现解决这个问题还有更好的方法。一个成熟的人，思考得会更多、更全面。在对待问题时"三思而后行"，理智地做事，往往能收到理想的效果。

有一天，可可的爸爸发现，他口袋里少了一张 100 元钞票，遍寻不着，因为这个事情他还和店里的员工吵了一架。

回到家以后，他发现在女儿的衣服口袋里有 100 元，于是不容分说地对着可可"啪啪"打了两巴掌，并且生气地说："这么小就会偷钱，害得我刚才还跟店员吵了一架。"

可可原本白白的小脸顿时红了起来，疼得号啕大哭。妈妈听到哭声，急忙跑来，问清原因后对爸爸说："那一百块钱是你昨天晚上喝醉了以后拿给可可的，可可不要，你就塞进了她的衣服口袋里。"

这时候，可可的爸爸才意识到自己的鲁莽，他不好意思地承认了自己的错误。可是，一切都晚了，可可的嘴角出血了。到医院检查后，医生告诉他们：

"可可的耳膜破裂，一个耳朵全聋，另一个耳朵半聋！"

可可的爸爸几乎不敢相信，这么可爱健康的孩子居然聋了。他为自己粗鲁的"无心之过"懊悔不已，万分自责，他没想到自己因为一时冲动竟然把女儿打得耳聋了。

无辜的可可为爸爸冲动的行为付出了代价，而爸爸也将为自己过激的反应而承受一辈子的自责和内疚。如果爸爸能够多想想，回忆一下，那女儿也就不会变成这样。一个人经过深思熟虑，他的行动更能给人成熟稳重的感觉，最重要的是，思考之后的行动更加能让你明白这样做有什么必要，是不是对的，会不会带来什么严重的后果。

每一个成功的人都会把自己的情绪控制在一个范围之内，给自己足够的时间和空间思考，而不是盲目地做出反应。因为他们知道，任何一个决定或是反应都可能影响事情的成败，盲目做出的决定也许会有成功的可能性，但成功不是偶然，所以不要把成功寄希望于一个偶然的反应，只有经过深思熟虑才能最大限度地避免失败。

也只有深思熟虑的反应才能更大程度地避免悲剧的发生，避免任何一个不幸的降临。冲动不是一件好事，它就像是教唆你犯罪的恶魔，总有一天会让你跌入万劫不复的深渊。很多时候，过度的冲动会让成功远离你。要想获得成功，如何做到深思熟虑就变得至关重要。

（1）多学习，做到修养身心

加强自我思想的修养和文化知识的学习，从源头着手，把冲动扼杀在摇篮里。一个人的知识越丰富，那么他的道德自我意识就越完善，克制情绪冲动的能力也就越强。多读书，读好书，不断用知识充实自己的头脑，使自己认识问题更加深刻，处理问题更加理智。

（2）多忍耐，给自己一个缓冲的时间

很多时候并不需要你马上做出反应，记住，给自己多一些时间思考，把愤怒化解，把误会解开，把可能伤害到人的事情避免，这才是成功之道。

（3）假设后果，假设一些严重后果来提醒自己要多考虑

当你就要破口大骂的时候，想想这样做以后会给自己带来什么后果，也许你这样一个思考就改变了你的前途。忍耐并不是懦弱，而是在寻找更好的方法解决问题。

【情绪调节】

忍一时风平浪静，忍不是你不够勇敢，而是表现你的成熟。只有成熟的人才能做到深思熟虑，只有成熟的人才会得到更多人的信任，也只有成熟的人才能获得成功。深思熟虑做出的反应能给成功提供一个安全的保证，避免失败的侵扰。

6. 幸福生活离不开好情绪

华盛顿说过："一切的和谐与平衡，健康与健美，成功与幸福，都是由乐观与希望的向上心理产生与造成的。"

在纷繁复杂的生活中，或许我们曾经迷惘，曾经失落，曾经愤怒，曾经怨恨……而事情的结果往往也是不堪回首的。想要一个幸福的生活，没有失望，没有忧伤，这看起来似乎很难，其实一切根源都在于你的情绪。好情绪自然会为你带来幸福生活。

有这样一个女孩，她生性乐观积极，也很懂得生活，更知道要如何排解自

己的不快。清晨醒来，她会对镜中的自己大声说："今天是个好日子。"即使昨天的坏情绪尚未恢复，她还是会这样大声地说。

然后她刷着牙，想着刷牙是一件非常令人愉快的事，牙齿将变得洁白干净，不会受到蛀虫的侵袭，口气清新。

洗脸也是一件非常愉快的事，因为清水的湿润，会使皮肤感到无比舒畅。这都使她的脑细胞感到无比欢快。

她把身边的每一件小事都想象成美好愉快的享受，永远用积极快乐的心态去看待生活，这就是她拥有幸福的秘诀，永远有一个好情绪。

有的人一生追求幸福生活，却总是不快乐，女孩的态度是否给了你一点启示呢？所谓的幸福不是家财万贯，不是叱咤风云，而是拥有一个好心情，有了这么一个大宝藏，就算生活拮据，就算有些不如意，也可以一样幸福快乐。

幸福其实可以很简单，只是许多时候我们刻意使生活变得复杂。疲惫时听一段自己喜欢的旋律，陪着家人散散步，或者陪着孩子看一部他喜欢的动画片，你会发现原来如此不经意的事物，也流淌着幸福的气息。

不同的情绪会呈现不同的世界，这两个世界的人的情绪完全不同：一个世界的人只看到黑暗和悲伤；而另一个世界的人看到的却是生活所给予他们的一点一滴的快乐，在他们眼里，一切平凡的事情都会变得美好，风雨过后总会有彩虹，黑暗过后就会有黎明。这也是为什么第二种人生活得更加幸福。

可见，不同的情绪、不同的看法会对生活产生不同的影响。一个人对生活的看法会决定他的一生，甚至能决定一个人的成败，好情绪自然会为你带来更多的机遇和好运，而坏情绪则会一直阻碍你获得成功，让你终日生活在悲伤中。

那么我们应该怎样在纷繁复杂的生活中修炼出自己的好情绪呢?

(1)培养积极的思维方式

有位心理学专家说:"努力对别人感兴趣吧!这样你不但会让对方高兴,而且能使你从消极的情绪中解脱出来。"积极的思维方式具有化腐朽为神奇的作用。有关实验表明,那些在绝境中依旧积极乐观,甚至能够开玩笑的人,比那些消极脆弱,只知道哭泣的人更容易摆脱困境。所以在困境中,微笑比哭泣更能解决问题。

(2)学会让坏情绪变成前进的助力

可以把不好的情绪转化为对自己有利的动力,就像上面例子中的女孩一样,把每一件事都当作好情绪的开始。也许今天阴雨绵绵,这时候你就可以和自己说:"今天皮肤有点干,这种天气正好可以为我的皮肤补水。"简单的转换就能获得好心情,何乐而不为呢?

(3)走进大自然,让情绪得到放松和缓解

中国古人就一直强调"天人合一",这其实是在教我们亲近自然,在享受自然的同时把心情放松。瑜伽课老师也鼓励人们到户外空气清新的地方练习,这样效果更好。当你受不了城市压力的时候就主动走进自然,让情绪也呼吸一些清新的空气。

【 情绪调节 】

一个善于控制自己感情的人会经常修炼自己的情绪,从锻造情绪的过程中发现一种惬意、畅达的感觉,从而提升自己的修养,感受幸福的生活。幸福的生活不在别人手中,不在别人口中,而在自己的心中。相信好情绪会为你带来好生活,不断地获取好心情,才是你幸福生活的保证。

7. 心情愉快，健康常在

曾经看过这样一首诗：你要是心情愉快，健康就会常在；你要是心境开朗，眼前就是一片光明；你要是经常知足，就会感到幸福；你要是不计较名利，就会感到一切如意。好心情能给人精神力量，弥补身体的缺憾，增添生命的意义。

英国科学家法拉第年轻时体质较差，加上工作紧张，用脑过度，身体十分虚弱，多方求治也不见效。后来，一位名医给他进行了检查，医生并没有给他开药，只送了一句话："一个小丑进城，胜过一打医生。"法拉第细细品味这句谚语，悟出了其中的奥妙。

从此，他经常抽空去看马戏和喜剧。精彩的表演总是令他开怀大笑。他还到野外和海边度假，调剂生活，经常保持愉快的情绪。久而久之，法拉第的身体就逐渐康复了。

就像故事中的医生说的那样："一个小丑进城，胜过一打医生。"所谓怒伤肝，思伤脾，忧伤肺，恐伤肾。消极苦恼的情绪会给人以负面影响，诱发各种疾病，而笑一笑，让自己心情好起来就能健康起来。

一份好心情就会给我们更多正面的刺激，让我们保持积极乐观的情绪状态。有了好心态，凡事都会看得开、想得透，即使遇到病魔的攻击也能撑得住，这样一来就能永远与健康为伴，远离疾病的侵袭。

好心情既然如此重要，那么怎样拥有一份不错的心情，让积极乐观伴随我们左右呢？

（1）运动。美国专家发现，运动在人体内引起的生理变化对人的精神状态会产生有益的影响。晨跑、骑车、竞走、游泳是最佳的方式，它们能提高心血管功能，改善循环。健美操、韵律操也是让身体年轻健康的有效手段。

（2）音乐。用音乐辅助治疗。医师经常会建议病人首先选择与他们心情相吻合的乐曲，然后渐渐改变旋律使心情也随之变化。消极的时候可以听一些激昂的音乐，悲伤的时候可以让一些欢快的旋律陪伴你。

（3）饮食。富含糖分的食物具有类似镇静剂的功能，美国心理学家证实，糖分能通过刺激脑细胞使机体趋向平和宁静的状态。

（4）阳光。众所周知，一些人在冬天的时候会感到忧郁，其实主要原因是冬天的阳光照射少于其他季节。忧郁的时候可以走出家门，接受阳光的照射，让阳光把那些阴暗潮湿的地方变得灿烂、鲜艳。

【情绪调节】

笑一笑，十年少；愁一愁，白了头。在人生这漫长的几十年里，难免会遇到很多不如意的事，让我们产生烦恼、痛苦、忧伤、失望、愤怒等各种消极的情绪，而这些情绪会影响我们的身体健康。但只要找到合适的方法和途径，合理地宣泄，就能消除不良情绪，重拾一份好心情，还我们一个健康的身体。

8. 好情绪缘于自我管理

一个懂得自我管理的人在受到挫折时不会垂头丧气，在成功时不会趾高气扬，在冲动时不会横冲直撞。为什么自我管理有如此神奇的魅力？因为良好的自我管理能培养出一个好的情绪，而好情绪又可以帮助自己管理好行为，由此形成了一个良性循环，不断地促进自身的进步和成长。

小王是一个工作能力很强的人，但是从小他就有一个坏毛病，就是遇到不顺心的事就喜欢摔东西。

一次，小王拿着自己辛辛苦苦弄好的策划书去给客户看，结果客户不但不满意，还挑了一大堆毛病。小王回来以后生气地把策划书往桌上一摔，然后又拿起别的东西重重地摔了几下，弄得整个办公室的人都看着他。

第二天，小王就收到了一封解雇信。当小王生气地问老板怎么回事时，老板说："我不能让一个连自己情绪都管理不好的人来接触我的客户。"

大家都会遇到一些不顺心的事，但能不能合理地发泄、管理这些坏情绪就变得很重要，因为这直接反映出一个人的素质高低。小王面对坏情绪，选择了一种极不恰当的方式来发泄，这体现出他不善于情绪的自我管理，放任情绪肆意破坏事情的发展。

一个能管理好自己情绪的人当然就能获得更多成功的机会，能得到更多人的青睐。

艾达是某品牌化妆品的售货员，有一天她遇到一位女士。这位女士非常挑剔，艾达已经为她推荐了好几款化妆品了，但是她不是嫌太贵，就是觉得不够好，最后她竟然开始咒骂艾达："小姐，作为一个售货员，你太不专业了，不能为顾客挑选到合适的东西，这是你严重的过失。"

大家心里都为艾达不平，以为艾达一定会狠狠地骂这个不讲理的顾客一顿。但是艾达居然还是微笑着对这位女士说："真的对不起，没有为您挑选到合适的产品，不如您再把要求详细说一说，我多为您推荐一些好吗？"

几天以后，艾达被升为这个化妆品公司的部门经理，原来那天那个难缠的女士是这个化妆品品牌公司的总经理。当总经理问艾达为什么不生气时，艾达说："我当时真的很生气，但是争吵并不是发泄我坏情绪最好的办法，所以我要管好它，不要让它跑出来影响我的工作。"

其实每个人都会有一些坏情绪，这是正常的。但是一个心理健康的人不会否定自己情绪的存在，而是选择合适的时间、地点来发泄自己的负面情绪，尽量把这个糟糕的情绪带来的坏影响降到最低，这就是自我管理对控制情绪的重要性。

我们要成为自己的主人，善用情绪的价值和功能，而不是让情绪左右我们的思想和行为，成为它的奴隶。那么，如何进行自我管理呢？

（1）我被什么情绪包围着

自我管理的第一步就是要能清楚地认识我们的情绪，并且接纳我们的情绪。情绪是我们真实的感受，只有我们清楚认识了自己的感受，才有机会掌握它们。不同的情绪会有不同的表现，所以不同的情绪也需要不同的办法去管理，只有明确地知道它是什么，才能想出办法来应对，所谓知己知彼，才能百战百胜。

（2）我为什么会有这种情绪

"我为什么生气，为什么难过，为什么失落？"太多的为什么会蒙蔽我们的眼睛，找出根源才能知道我们现在的反应是过度还是正常，找出病因才能对症下药。

（3）面对这些坏情绪我该怎么办

想想看，做什么事情的时候你会忘记你的坏心情？也许是运动、独处、听音乐、到郊外走走、大哭一场、倾诉……不论是什么方式，只要能改善你心情的办法都是好办法。

【情绪调节】

一个懂得自我管理情绪的人，会消除不良情绪，延续积极情绪，从而使自己保持好心态。心态好，遇到任何事情都能乐观面对，自然天天都有一份好心情。有了这样的情绪状态，难事不难，往往一切都会尽在掌握中。

第二章　情绪调节——千万别让坏情绪绑架你

人是这个世界上最复杂的动物。高兴的时候，你会手舞足蹈；愤怒的时候，你会咬牙切齿；忧心的时候，你会茶饭不思；悲伤的时候，你会痛心疾首。

情绪是与生俱来的东西，高兴、悲伤不用别人教，天生就会。但是，恰当地表达自己的情绪，不让坏情绪影响正常的生活，却是通过后天学习得来的。不顺心、不如意的时候，厄运当头的时候，能够调节自己的不良情绪，才可以理性决策、正确行动。

1. 生活本身就是一种心情

很多人不知道生活该是什么样子的，其实心情就在为生活提供色彩。如果心情总是为生活提供灰色，那么生活描绘出来的世界也是灰色的；如果努力让心情五颜六色、灿烂斑斓，那么你的生活也是丰富而光明的。

在一个星期六的早晨，一位牧师在准备布道，他的妻子出去买东西了。那天在下雨，他的小儿子吵闹不休，令人讨厌。最后，这位牧师在失望中拾起一本旧杂志，一页一页地翻阅，直到翻到一幅色彩鲜艳的大图画——一幅世界地图。他就从那本杂志上撕下这一页，再把它撕成了碎片，丢在起坐间的地上，说道：

"小约翰，如果你能拼拢这些碎片，我就给你 2 角 5 分钱。"

牧师以为这件事会使小约翰花费几乎一上午的时间。但是不到 10 分钟，就有人敲他的房门。原来，儿子完成了父亲布置的任务。

"孩子，你怎么把这件事做得这样快？"牧师问道。

"啊，"小约翰说，"这很容易。在地图的背面有一个人的照片。我就把这个人的照片拼到一起，然后把它翻过来。我想如果这个人是正确的，那么，这个世界就是正确的。"

牧师微笑起来，给了他的儿子 2 角 5 分钱。"你也替我准备好了明天的演讲词。"他说，"如果一个人是正确的，他的世界也就会是正确的。"

如果你想改变你的生活，首先就应该改变你自己。如果你是正确的，你的生活也会是正确的。这就是心态积极者告诉你的秘诀。当你抱着积极的心态时，你在生活中遇到的那些困难在你面前势必要低头。

心情影响着你的行动，而行动又给你带来不同的生活。悲观的人，总是在行动上变得消极、迟缓、不情愿，他们不是被生活打败而是被自己打败；乐观的人呢，他们的行动总是表现得积极、享受、快乐，他们首先享受了自己的乐观心态然后才能享受生活。悲观的人总是认为不可能，乐观的人总是认为没有什么不可能。

如果你总是感觉自己心情低落失望，那么你的生活就是消极的；如果你总是觉得心情如阳光一样明媚，那么你的生活就是温暖积极的。这就是心情为我们的生活施展的魔法。

心态决定一切，这是生活的哲理。拥有好心情，就是成功的保证，乐观积极的心态可以指引我们向前的步伐。

【情绪调节】

人生就像天气，不会每天都阳光明媚，它也会遭遇阴天、雨天、大雪、风暴。我们没有办法左右生活的轨迹，但是拥有一份好心情就能发现阴天也有美丽，风暴也能带来意义。生活不缺少美好，而是缺少美好的心情。

2. 做情绪的调节师

一位哲人曾经说过："一个人的心态就是一个人真正的主人，要么你去驾驭生命，要么是生命驾驭你，而你的心态将决定谁是坐骑，谁是骑师。"既然你是自己的主人，那么你就要学会做情绪的调节师。

一个名叫维克多·弗兰克的德国精神病博士，曾经在纳粹集中营里被关押了很多日子，饱受了纳粹分子的凌辱和非人的对待。

弗兰克曾经绝望过，因为这里只有屠杀和血腥，没有人性，没有尊严。那些持枪的人，都是野兽，可以不眨眼地屠杀一位母亲、儿童或者老人。

他时刻生活在恐惧中，这种对死的恐惧让他感到一种巨大的情绪压力。集中营里，每天都有因此而发疯的人。弗兰克知道，如果不控制好自己的情绪，也难以逃脱精神失常的厄运。

有一次，弗兰克随着长长的队伍到集中营的工地上去劳动。一路上，他产生了幻想：晚上能不能活着回来？是否能吃上晚餐？他的鞋带断了，能不能找到一根新的？这些幻想让他感到厌倦和不安。于是，他强迫自己不再去想那些倒霉的事，而是刻意幻想自己正走在前去演讲的路上，来到一间宽敞明亮的教室中，精神饱满地在台上发表演讲。

他的脸上慢慢浮现出了笑容。

弗兰克发现，这是久违的笑容，多年来，它从来没有出现过。当知道自己还会笑的时候，弗兰克预感到，他不会死在集中营里，他会活着走出这个地狱般的地方。

多年后，从集中营里释放出来时，弗兰克看上去精神很好。他的朋友不相信，一个人在魔窟里会依然保持年轻。

这就是心境的魔力。有时候，一个人的精神可以击败许多厄运。因为，对于人的生命而言，要存活，只要一箪食、一钵水足矣。但要活得精彩，就需要有宽广的心胸、百折不挠的意志和化解痛苦的智慧。

世上的事情，并不是老天对我们不公平，也不是造物主的失误，完全在于我们如何想，如何看。尤其现在，大家的能力不相上下，技能差别不大，要获得成功和幸福就要以心态论英雄，以心态论成败。

不同的心态给我们带来不同的结果，好的心态时刻为我们提供快乐，消极的心态就时刻为我们设置障碍。这就要我们做好自己情绪的调节师，应对生活中出现的各种意外。

怎么调节情绪是一门艺术，不仅考验我们的修养，还挑战我们的智慧。找到好的调节办法，就能战胜情绪、驾驭情绪。

（1）转移情绪

人生的道路崎岖不平，坎坎坷坷，难免有挫折和失误，也少不了烦恼和苦闷。你不能时刻缅怀悲伤，而应该迅速把注意力转移到别的方面去。比如碰到不顺心的事情或与他人发生争吵时，不妨暂时离开一下，换个环境也为自己换一个心情。这样很快就会把原来的不良情绪冲淡甚至赶走，从而重新恢复心情的平静和稳定。

（2）憧憬未来

未来总是会带给人很多美好的遐想，它是我们生存与进步的动力。只有经常憧憬美好的未来，才能始终保持奋发进取的精神状态。不管命运把自己抛向何方，都应该泰然处之，相信未来会更加美好。

（3）发掘兴趣

兴趣是保持良好心理状态的重要条件。人的兴趣越广泛，适应能力就越强，心理压力就越小。比如，同样是退休的人，有的觉得整天无所事事，而有的则觉得轻松愉快，因为他们可以充分利用这些时间做一些自己年轻的时候喜欢做，但却没时间做的事。总之，兴趣越广泛，生活越丰富、越充实、越有活力。

（4）好好倾诉

心情不快却闷着不说会闷出病来，有了苦闷应学会向人倾诉。能把心中的苦处和盘倒给知心人从而得到安慰甚至帮助，心胸自然会像打开了一扇门一样明朗。

（5）"小看"名利

现实生活中有的人把名利看得很重，得陇望蜀，欲壑难填。有的为了名利，不择手段，一旦个人目的没达到，便耿耿于怀，心事重重，一蹶不振。因此不要那么斤斤计较，把名利看得那么重，这样才能维持心理平衡。

（6）学做"失忆人"

在人生的旅途中，有时荆棘丛生，有时铺满鲜花。我们应进行精心的筛选，不能让那些悲哀、凄凉、恐惧、忧虑、彷徨的心境困扰我们。对那些幸福、美好、快乐的往事要常常回忆，以便在心中泛起层层涟漪，激励人们去开拓未来；而对那些不愉快的事情，诸多的烦恼则要尽量从头脑中抹掉，切不可让阴影笼罩心头，失去前进的动力。

【情绪调节】

调节情绪是一种控制情绪的技术，每个人都是一个情绪的调节师，只不过有的人成功地控制、调节情绪，而有的人则是被情绪调节和控制。学会调节情绪是你控制情绪的基础，也是你跨向成功的一个台阶，走上去了你就是成功者，原地不动你就变成了失败者。

3. 接受生活中的不完美

歌德曾经说过："十全十美是上天的尺度，而要达到十全十美这种愿望，则是人类的尺度。"这个世界本来就不是完美的，完美是人自己主观想象出来的，是美好的愿望，但终究不是现实。

每个人的现实生活时时处处都有可能不完美，非要拿着想象去和现实碰撞，和完美较真，是自寻烦恼。

一位挑水夫，有两个水桶，分别挂在扁担的两头，其中一个桶子有裂缝，另一个则完好无缺。在每趟长途的挑运之后，完好无缺的桶子，总是能将满满一整桶水从溪边送到主人家中，但是有裂缝的桶子到达主人家时，只剩下半桶水。

两年来，挑水夫就这样每天挑一桶半的水到主人家。当然，好桶子对自己能够送满整桶水感到很自豪。破桶子呢？对于自己的缺陷则非常羞愧，他为只能负起责任的一半，感到非常难过。

饱尝了两年失败的苦楚，破桶子终于忍不住，在小溪旁对挑水夫说："我很惭愧，必须向你道歉。""为什么呢？"挑水夫问道，"你为什么觉得惭愧？"

"过去两年，因为水从我这边一路漏，我只能送半桶水到你主人家，我的缺陷，使你做了全部的工作，却只收到一半的成果。"破桶子说。

挑水夫替破桶子感到难过，他充满爱心地说："在我们回到主人家的路上，我要你留意路旁盛开的花朵。"

果然，当他们走在山坡上，破桶子眼前一亮，看到缤纷的花朵，开满路的一旁，沐浴在温暖的阳光之下，这景象使它开心了很多！但是，走到小路的尽头，它又难受了，因为一半的水又在路上漏掉了！

破桶子再次向挑水夫道歉。挑水夫温和地说："你有没有注意到小路两旁，只有你的那一边有花，好桶子的那一边却没有开花呢？我明白你有缺陷，因此我善加利用，在你那边的路旁撒了花种，每次我从溪边回来，你就替我浇了一路花！两年来，这些美丽的花朵装饰了主人的餐桌。如果你不是这个样子，主人的桌上也没有这么好看的花朵了！"

木桶所犯的正是生活中的我们经常犯的错误，总希望自己是完美无缺的，盯住自己的缺陷不放，却忽视了自己身上最具魅力的一面。

生活中大家无一例外都是不完美的人，但有的人却活得轻松畅快、有滋有味。他们积极进取，为自己能做一点有意义的事情而开心，不求自己能有多大的成就。但他们很在意当下自己是不是享受了生活，懂得欣赏生活中的美好，也能包容生活中的那些不如意。他们用心观察和体会现实的世界，追求的是自己内心的平静和充实。他们是真正懂生活的人，只有这样的人，才能享受人生的乐趣，也只有这样的人才能专注于自己的事业数十年如一日，从而获得成功。

生活中的不完美恰恰是人生的最大魅力，因为不完美，所以总是想要做得更好；因为不完美，所以人们更能珍惜现在拥有的生活。正是生活中的不完美成就了人们追求完美的心，也因此出现了许多杰出的人。

如何追求完美才是正确的呢？那就是真正做到平常却不消极、积极但不苛求。坦然接受生活中的不完美，并在这些不完美之中发现美、发现幸福才是生活告诉我们的幸福窍门。

幸福生活不在天涯海角，不在汪洋大海，以下五个简单的法宝就能让你找到最真实的幸福。

（1）为自己的目标做一个弹簧

人的一生有起有落，我们不能保证总是向前走，总是走在正确的道路上，所以不要对自己太苛求，按照自己的能力制定目标，过度的苛求只会让你陷入不能完成的焦虑中。

（2）劳逸结合才能走得更远

人不是机器，不仅需要休息，而且需要很好的休息，休息好了才能有好心情，才能不断应对生活中的不完美。

（3）凡事往好的方面想

生活中的不顺利是难免的，遇到什么不顺，你就要多想想这个不顺能给你带来的经验，这也是一种收获。

（4）学会比较

在你自信心不足的情况下，多往后看看那些不如你的人，然后再想想你的优势，这样，你的自信心会很快恢复。当然在你自信心增强的时候，也要向前看，毕竟这个世界每天都在突飞猛进不停地发展。

（5）时刻发现完美

很多时候美就在我们眼前，只是我们太过于死板，认为鲜花只有完整的时候才是美的，其实"留得残荷听雨声"又何尝不是一种美。

【情绪调节】

人类历史从古到今从来都没有一个人是完美的，所以我们也没必要刻意要求自己完美，而且我们也永远都不会完美。做人不要因为不完美就灰心丧气，不要因为不完美就不敢展示自己，不要因为不完美就不愿和别人交流。要时刻告诉自己，不完美也是一种美。

4. 千万别跟自己较劲

每个人都有自己的魅力和风采，没必要一定要超过谁，一定要达到什么标准。每一天能够有自己的感悟与收获，超过昨天的自己，这就是最好的。所以，每天都应提醒自己：别跟世界较劲，更别跟自己较劲。在不较劲的状态中，延展生活的快乐。

有一家豆浆店生意兴隆，每次来早上都有很多人排队。这一天，来了一位年轻女孩，大概20岁左右。窗口那边排队等着几个要打包带走的顾客，那个女孩等得有点不耐烦了，就拨开人群冲到窗口连催三次，并且向一个服务员发牢骚："凭什么先给打包带走的顾客准备啊？"服务员笑笑，说来吃饭的人实在太多了。

大约过了5分钟，一位服务员端着油条和豆浆给对面的女孩送过来，一边放下一边说："你再着急也得慢慢来啊，人家打包带走的顾客特别着急。"那个年轻的女孩毫不示弱地反驳道："他们着急我上班就不着急啊？"服务员没再说什么转身就走了。

就在服务员转身的一刹那，只听见"砰"的一声，很多客人被吓了一跳，只见那个女孩把装着油条的盘子朝桌子上使劲一摔，油条和盘子散落一地……
女孩气呼呼地走了，只留给店里的人们一个"雄赳赳气昂昂"的背影。

服务员对这个女孩的怠慢情有可原也好不应该也罢，都不重要了，女孩是
饿着肚子走的，估计再吃别的东西也没有什么胃口了，因为那可怜的胃被一包
气塞满了。这岂不是跟自己过不去？这家店是一进店就点餐付账，因此她摔的
其实是自己的东西。

有时候不要和别人过不去，因为到最后只能是自己跟自己过不去，让自己
陷入一种悲伤的状态中。就像那个女孩发脾气走了，最后饿的是她，生气的是
她，让人觉得无理取闹的也是她。无意中她给自己制造了一个困境，让自己深
陷其中，痛苦不已，这又何必呢？

一个人的一生是丰富多彩的，在这个过程当中难免就会有些磕磕碰碰，有
情绪不对的时候。不管这种不对的情绪是因何而起，都得给它一个终点，让过
去的成为过去，要善于把烦恼抛在脑后。凡事不论好与坏，愉快或痛苦，赞成
或反对，正确还是错误，荣誉还是耻辱，都是来了又去，去了又来，去去来
来，始终都会过去，都会画上句号。这样的世界才能拥有平衡，如果只有开始
而没有终点，那么世界上的人都会因为压力而崩溃。

人为什么总是喜欢和自己较劲呢？其实只是因为人有太多的"想要"，太
多的放不下，太看不惯自己。拥有一颗平常心才能放自己一条生路。

较劲并不能够帮你理性正确地处理事情，相反，它只会让你越来越偏执。
学会"不较劲"才是让生活幸福的途径。每当你心里想要和自己较劲的时候，
就想想这5个"不"：

（1）不喜欢的东西就说出来。说出来以后就不要过多地想它，不要走进
一个怪圈——越是不喜欢的东西越去关注它。

（2）不为自己或是他人设定不合理的目标和要求。现在很多女孩子都想要苗条的身材，于是不管胖的还是瘦的，每天嚷嚷着要减肥，不正常吃饭，吃多了一点就懊恼不已。这不是在和自己较劲是什么呢？

（3）不要总是希望有奇迹发生。天上掉馅饼这样的好事不会随便发生在任何人身上，每件事的发生都有因果，你看得到别人的获得不一定看得到他们艰辛的付出。

（4）不要成为怨妇。抱怨不会有益于问题的解决，只会不停地暗示你生活的不幸。既然这样为什么不暗示自己过得很幸福呢？

（5）不要与人攀比。她有 LV 包，我却没有；他可以升职，我却不能。看看自己，也许有一样东西也是别人羡慕的。

【情绪调节】

所谓的不和自己较劲就是要你时刻保持一颗快乐的心，不要为得不到而悲伤。把世界上的道理搞清楚了就会明白，这个世界不是你想怎样就一定会按你的要求发展。不必去刻意地追求，该做什么就做什么，保持自己内心的快乐才是幸福的源泉。

5. 走出误会的死角

误会是人往往在不了解、不信任、无理智、无耐心、缺少思考、没能体谅对方、感情极为冲动的情况之下所发生的。误会一开始就总是想到对方的不是。也正因为这样，误会越来越深，弄到不可收拾的地步。这样不仅让别人难过，而且在自己心里留下一个死结。

1928 年，英国利物浦一位名叫莫尔德的女士只身移民纽约，把年仅 4 岁的儿子肯·麦克南留在英国，托付给亲戚抚养。此后母子一直通过书信联系。1944 年，麦克南报名参军，直到二战结束才光荣退役，回到利物浦定居。

但让他耿耿于怀的是，无论是二战期间还是此后的几十年里，他再没有收到过母亲一封信。麦克南就觉得自己被母亲遗忘了。因此 60 年来，这段感情一直成为他心头挥之不去的阴影。

出乎意料的是，一天麦克南突然接到荷兰一家博物馆的通知，称他们在整理收藏品时，在一个布满灰尘的盒子里发现了一批二战期间亲友写的信，其中几封正是他的母亲莫尔德女士在 1944 年写的。其中一封信是这样开头的："我亲爱的儿子，真希望你现在和我在一起，我们就像是两个陌生人，我唯一的儿子却离我千里之遥……"麦克南这才明白，母亲一直都在试图与他取得联系，对于母子重逢更是望眼欲穿。

原来因为战争的关系，母子之间的通信被切断了。而自己却一直误会母亲不爱自己，不想找到自己。这么多年来，儿子一直被这种忧郁的心情笼罩着，一直都不开心。而母亲也一样，1995 年，老太太抱着终生的遗憾撒手人寰，这封迟到 60 年的信也让母子误会一生。

因为误会，一个母亲带着遗憾离开了人世，一个儿子留着自责在世上悲伤度日。一个误会造成了一个让人没有办法接受的遗憾。

误会开始之前，总是在责怪，误会解开之后，却总是留下一个遗憾，甚至是永远都没有办法弥补的遗憾。误会总是会带来愤怒、失望、自责等不好的情绪。

那么，怎样才能走出误会的死角呢？

（1）要保持清醒的头脑

在现实生活中遇到问题、矛盾和误解时，一定要冷静思考。仔细理一下整个事件的前因后果，找出关键之所在，并努力去解决。如果百思不得其解，那么可以找自己最信赖的人求证。

（2）不能以小人之心，度君子之腹

有时问题、矛盾和误解的产生，是因为人们往往把别人想得太坏，加之听信一些坏人别有用心的鼓动而做出了错误的选择。涉及自己的核心利益时，一定要平稳自己的心态，三思而后行，避免被一些别有用心的人利用，做出不利于自己的选择。

（3）要有容人之量

舌头没有不碰牙的。人和人的摩擦往往在所难免，关键在于我们如何去认识。有时候别人本意并没有想去做对我们不利的事，而事实发生了，那么我们首先要看看有没有办法来补救。人之初，性本善，何必把别人都想得那么坏呢？重要的是要学会去沟通、去理解，要广交朋友，最大限度地去包容别人，这样事态才会向有利于自己的方向发展。绝不能意气用事，自绝后路。

大千世界，纷繁人生，谁都可能误会别人，谁也都可能被他人误会。所以走出误会的陷阱才能有一份好心情，一个幸福的人生。

【情绪调节】

我们总是在抱怨为什么会有这样的误会，但是只要你懂得控制自己的情绪，很多误会就会不攻自破。好情绪会化解误会，让你走出误会的死角，笑看风云，坦然面对。给自己内心一片平静就不怕误会的入侵。

6. "装"出你的好心情

英国小说家艾略特说过："行为可以改变人生，正如人生应该决定行为一样。"一个人如果总是想象自己进入某种情境，感受某种情绪，那么这种情绪就会不知不觉地来到你身边。所以，当我们烦恼不已的时候，"装"出一份好心情，用微笑和积极来鼓励自己，这会是一个战胜烦恼非常好的方法。

小敏今年才 24 岁，但是在她脸上看不出属于年轻人的青春活力，反而眉头紧锁，声音低沉，萎靡不振。这种状态维持了好几天，这天，小敏和一位在公司大厦做保安的大叔一起乘坐电梯，大叔看了小敏几眼说："姑娘，你怎么总是愁眉苦脸的，是有什么不顺心的事吗？"

小敏敷衍地说："没什么，心情不好而已。"

大叔哈哈大笑起来，说："我以为是什么大问题，我来教你一个办法，保证你以后心情很好。以后不管你遇到什么难事，你都告诉自己，很开心啊！然后大笑三声。"小敏将信将疑地看着大叔。

小敏下班回家，想要好好休息一下，谁知道她的小侄子把自己的房间弄得乱七八糟，甚至弄洒了她最喜欢的香水，她刚要发火就想起电梯里大叔教她的办法，于是她大声地对自己说："很开心啊，哈哈哈！"刚开始的时候小敏觉得很奇怪，自己就像个神经病。但是这么一弄，自己也没那么生气了，反而觉得舒服了点。从那以后，只要有什么不开心的事，她就会大笑三声。后来她终于明白了，一个人的好心情取决于最初的情绪选择。哪怕心情不好的时候假装一下好心情，也会弄假成真，与好心情结缘。

人生不可能是永远快乐的，也找不到那么多快乐，但是请不要陷入忧伤，学着放飞自己的心情。"装"出来的心情就像是具有魔法的如意，只要你告诉它"我要好心情"，如意就一定会如你的愿。

"装"出好心情不是要你自欺欺人，而是要你学会控制自己的情绪。有时候我们的情绪就像一个茶杯，在它装满了坏情绪的时候，好心情自然就不能再进入这个茶杯。而装出好心情就是把好心情倒进茶杯，占据情绪的茶杯，让坏情绪不能再进入茶杯之中。就像我们常常逗眼泪汪汪的孩子说"笑一笑呀"，结果孩子勉强地笑了笑之后，跟着就真的开心起来了。

相术上说一个人乌云盖顶、印堂发黑，其实就是根据一个人情绪的好坏在脸上的表现推断出来的。所以好的情绪不仅让人拥有好心情，还能让人拥有好运气。想要"装"出好心情，就要懂得如何释放自己，放飞自己的心情。

当你失败时，对自己说："不要灰心，我还有机会！"当你失去心爱的东西时，对自己说："不在乎天长地久，只在乎曾经拥有。"当你心情低落时，对自己说："别伤心，别难过，周围还有许多关心我的人，至少有他们与我携手同过。"也许有人说，这不就是一种阿Q精神？人生中不如意的事情太多了，如果阿Q精神可以帮我们尽快走出悲伤，那么阿Q一点也无所谓了。

好心情要我们费一些功夫去经营，那么我们应该怎样"装"出好心情呢？也许下面一些提示会让你恍然大悟。

（1）让自己忙起来，不让坏心情有地方生长

想到心情不好时心情就会不好，那就不用想它。如果还是想，那就让自己忙起来，让自己没有空闲去想它，让自己充实地过好每一分钟。譬如，早晨醒了以后不要恋床，醒了就起来，忙起来，推开窗，呼吸清晨的新鲜空气，放松全身，把自己想象成一个快乐的小天使……

（2）总是看到更多快乐的人

当你看到那么多快乐的人，你是不是会觉得他们都那么快乐？那为什么你不能和他们一样快乐呢？快乐可以互相传染、分享，只要你愿意去发掘快乐。

（3）给自己一片净土

闭上眼睛，刻意去想象一些恬静美好的景物，如蓝色的海水、金黄色的沙

滩、朵朵白云、高山流水等。

【情绪调节】

一个人，只要还有乐观的向往，还有一份放飞的好心情，就会变成巨人，没有什么能击倒他。只要你学会装出"好心情"，就能时刻快乐，总是乐观。"装"出的好心情总是陪伴你一直站在风中，永远微笑面对，直到你真正拥有一份好心情。

7. 别把简单的事情复杂化

简单是一种智慧的境界和心态，将困难简单化可以让你充满勇气，让你更加强大。在面对内心的复杂时，只有冷静与平和才能让复杂的事情变简单。

一家有名的公司新盖了一栋办公大楼，各部门全部迁入后员工开始抱怨电梯的速度太慢。公司先后向两家咨询公司求助。

第一家咨询公司找来大楼的设计师，一番询问之后建议把电梯换掉，这至少得花30万元，而且需要两个月的时间，这样会导致大量员工的工作陷入混乱，公司当然不同意。

第二家咨询公司在第一家咨询公司的基础上经过全面的研究和调查，认为问题不在电梯，而在于人的心理习惯，无须对电梯做任何的改进，只要在电梯里安装一面镜子即可。

公司最终采纳了第二家公司的建议，显然奏效，从此再也听不到员工的抱怨了。问题为什么变得如此简单呢？因为找到了解决问题的关键：根据人们的习惯，安装一面镜子，便于人们在步入办公室之前对着镜子看看自己的形象，既提神又不耽误正常时间。

日本最大的化妆品公司收到客户抱怨，买来的肥皂盒里面是空的。于是，为了预防生产线再次发生这样的事情，工程师想尽办法发明了一台 X 光监视器去透视每一台出货的肥皂盒。同样的问题也发生在另一家小公司，他们的解决方法是买一台强力工业用电扇去吹每个肥皂盒，被吹走的便是没放肥皂的空盒。同样的事情，采用的是两种截然不同的办法，得到的却是一样的结果。

其实，世间的事情原本都是很简单的，只是简单的事情都被我们自己弄得复杂了。而大多数看似复杂的事情其实有很简单的解决办法，这些办法被单纯的我们在儿时用过，长大了反倒不会了。就像上面的故事一样，其实简单的办法就能把看似复杂的问题解决。

许多人认为若是事情不够繁复，便不足以显示自己的过人之处。其实兜兜转转最后才发现原本的那条路很近，却因为总是把问题复杂化而多走了一圈冤枉路。心情也是一样，原本可以很简单的快乐，我们却喜欢附加更多的条件，最后弄得自己不快乐，这又是何必呢？

人还是简单点好，遇到幽默的事情就开怀大笑，难过就痛哭一场。那么我们应该怎样把复杂的问题弄得简单一些呢？

（1）借孩子的视角看问题

大人因为经过了太多的磨炼，在看问题的时候没有孩子那么单纯。有时候偏偏是孩子单纯的看法能够在困境中找到出路。就像孩子觉得要区分水和酒就闻一闻，要区分盐和糖只要尝一尝一样，何必经过什么复杂的程序呢？

（2）把烦琐累赘一刀砍掉，让事情保持简单

欧洲有一种说法叫"奥卡姆剃刀"，就是提倡人们把问题简单化。心情也

需要用"奥卡姆剃刀"剃一下。把没有必要的情绪踢走，你就会发现人生其实很简单，幸福其实离你也并不远。

（3）1加1就是等于2

不要把任何一件简单的事情想得太复杂，时刻告诉自己，我的心情就是"1加1等于2"这么简单，拒绝任何能把你心情弄复杂的程序。

【情绪调节】

一丛简单的草，用最简单的心情，等候一冬，扛过冰雪，在三月的风里挺直腰身，以热切的表情和鲜嫩的目光，向春天报到。简单的心情就是让自己过得单纯，高兴了就笑，难过了就哭，没有必要总是要给自己的简单情绪贴上复杂的标签，越简单越会让人感到快乐。

8. 学会克制自己

歌德说："谁不能克制自己，他就永远是个奴隶。"我们的生活就在不断诠释这个道理——善于克制自己，才有可能走向成功，拥有完美无憾的人生。而克制不住激情和欲望的魔力，被它们所牵制，扬其波逐其流，不但难以成就事业，甚至会走向自取灭亡的可悲境地。

一个商人需要一个小伙计，他在商店的窗户上贴了一张独特的广告："招聘一个能自我克制的男士。每星期40美元，合适者可以拿60美元。""自我克制"这个术语引起了争论，自然也引来了众多求职者。

每个求职者都要经过一个特别的考试。卡特也来应聘，他忐忑地等待着，终于，该他出场了。

"能阅读吗？"

"能，先生。"

"你能读一读这一段吗？"他把一张报纸放在卡特的面前。

"可以，先生。"

"你能一刻不停顿地朗读吗？"

"可以，先生。"

"很好，跟我来。"商人把卡特带到他的私人办公室，然后把门关上。他把这张报纸送到卡特手上，上面印着卡特答应不停顿地读完的那一段文字。

阅读刚一开始，商人就放出6只可爱的小狗，小狗跑到卡特的脚边。这太过分了。许多应聘者都因经受不住诱惑要看看美丽的小狗，视线离开了阅读材料，因此而被淘汰。但是，卡特始终没有忘记自己的角色，在排在他前面的70个人失败之后，他不受诱惑一口气读完了材料。

商人很高兴，他问卡特："你在读书的时候没有注意到你脚边的小狗吗？"

卡特答道："对，先生。"

"我想你应该知道它们的存在，对吗？"

"对，先生。"

"那么，为什么你不看一看它们？"

"因为我告诉过你我要不停顿地读完这一段。"

"你总是遵守你的诺言吗？"

"的确是，我总是努力地去做，先生。"

商人在办公室里来回走着，突然高兴地说道："你就是我想要的人。"

人吃五谷杂粮，七情六欲天生附体，因而，易于产生放纵之心而失去理智。于是，在人的灵魂和肉体里，便多出一种不可或缺的主宰力量——

克制力。

人之区别于动物很重要的一点就是人有克制力。这种克制力大大超出了动物的本性。在很多时候，人与人的差别，正是体现在克制力上。

相传，仪狄造酒献给大禹，大禹尝了之后认为味道很好，感叹道："后世一定有因为纵酒而亡国的啊！"于是他疏远了仪狄，从此不再饮酒。而后世的事实证明了大禹预见的准确性，的确有许多君主因为纵情于酒色而亡国。大禹"杜酒防微"之举，正是自我克制的绝佳范例。

每个人在走向成功的道路上，都可能遇到形形色色的诱惑，闪现出本能的贪欲。如何消除贪欲之心，免去贪欲之害？只有克制。"无求于物心常乐，自静其事品自高。"老子也曾说"见欲而止为德"。如若克制不住自己，贪欲甚至可能带来牢狱之灾，这就是"一念之欲不能制，而祸流于滔天"的道理。

因为人的欲望无穷期，所以克制自己，并非易事。只有常怀律己之心，常思贪欲之害，不该自己管的事不插手，不该自己拿的东西不伸手，始终保持一颗平常心、平民心、好人心，如此这般，才能克制欲望的纷扰，心胸坦荡地走好人生之路。

克制自己，就是完善自己、成就自己。怎样才能成功地克制自己呢？

（1）当你生气或难过的时候，你可以选择离开，然后去做你喜欢的运动，让自己冷静下来并且有发泄的机会。当你冷静下来的时候，头脑就会比较清醒，到时候再慢慢去处理自己的情绪。记得要好好去处理而不是逃避或搁置在一旁。

（2）有时候情绪的到来是因为我们的负面想法所造成的，所以当有情绪的时候，我们可以试着转换一下自己的想法，多做一些正面的思考，这样或许就可以减少自己的负面情绪。

（3）当你很生一个人的气时，你用平静的语气说出来并且跟当事人好好地谈谈，这也是一个处理情绪的好方法。跟对方说说你为什么生气，有什么解决的方法，也许会更融洽地解决问题。

【情绪调节】

坏情绪是一把利刃，一不小心就会给自己造成伤害。但是只要你学会克制它，就如同学会如何利用这把利刃一样，最后会把它变成你成功的武器。成功不是只靠能力，有时候适当的自我克制也是成功的一大法宝。

第三章　情绪转移——状态不好的时候换件事来做

喜、怒、忧、思、悲、恐、惊，乃是人之常情。但是，碰上心情糟糕、状态不好的时候，做什么事都会无头绪。这时候，你要善于转移情绪，通过疏导保持一份良好的心境。掌握了这种"移情大法"，你才能变得更成熟，避免败走麦城。

1. 做人不钻牛角尖

人生不如意事十之八九。我们能掌握的事情其实非常少，但是我们可以灵活地掌握自己的心情和方向，换来柳暗花明。爱钻牛角尖的人只会在人生的路上受阻，我们为什么不试着放松心情？如果能抱着"车到山前必有路"的心态面对问题，这样的人生会更加轻松和有趣。

小晴和男朋友在一起4年了，就在他们快要结婚的时候，男友忽然和小晴提出分手，因为他爱上了小晴的好朋友。小晴很伤心，她用了很多方法想要分开他们两个。她曾去找她的好朋友，求她、骂她，甚至还打了那个女孩一巴掌。

她也去苦苦哀求男朋友，找了男朋友的家人。可是这些都没有用，朋友们都劝她放弃吧，不要为了男朋友让自己失去尊严。可是，小晴什么都听不进去。

她每天躲在男友家楼下，等着看男友一面。有一次她看到男友温柔地搂着那个女孩，为她遮雨。那一刻，小晴彻底崩溃了，男友从来没有这么温柔地对待过自己。

回到家以后，她越想越觉得难过，于是就割脉自杀了。幸好，小晴的妈妈及时发现，把她送到了医院。

她醒来以后，还是哭着闹着要自杀。隔壁床的一个老奶奶说："小姑娘，为什么那么想不开呢？其实人一辈子就那么几十年，没有什么是过不去的坎，做人何必一直钻牛角尖呢？你看你妈妈，这几天她为你忙里忙外，整整两天没有合眼。"

小晴看着妈妈疲惫的身影，终于想开了，没有什么是过不去的，她只是没有了男朋友，还有朋友还有家人呢。

出院以后，她又逐渐变回了以前那个开朗、活泼的小晴了。

小晴因为失恋而自杀，放弃自己的生命，这不就是在钻牛角尖吗？人不可能永远一帆风顺，无论是在感情还是事业上，都要经历一些波折，但是因为这些波折就自杀是不是太不值得了呢？生活中很多事情是我们的力量没有办法达到的，这个时候就不要过于强求。失眠、抑郁、绝望、焦虑都是自己加在自己身上的枷锁。相反，能够抱着轻松的心情向前走的人能够享受到更美的风景，遇到一个更好的人。

当然，对自己有高要求也是无可厚非的，毕竟人人都想做得更好，但是无论什么事，都需要有一个尺度，太过了也会阻碍事情的成功。时刻告诉自己：做一件事只要我们尽力了，就没有必要刻意为难自己，只要自己尽力了那就问心无愧！

跳出死胡同，让自己心胸开阔，才能避免自己钻牛角尖的状态。好的状态需要自己调节，那么怎么做才能保证自己不钻牛角尖呢?

（1）朝着相反的方向前进

既然钻牛角尖是做事从一个角度出发，那克服的方法就是多角度思维，注意培养自己思考方式的多元化。考虑周全就需要具备全面的知识，只有我们对事物的背景资料了解多了，才有可能找到一条解决它的最佳途径。

（2）打破思维定式

打破自己的思维定式，让自己僵化的脑筋多转几个弯，不要局限在固定模式中走不出来。

（3）转移自己的注意力

对于有些事不要太过于苛刻地思考，可以换个角度或者多询问别人的意见。可以等过一段时间心情好的时候再想那些事。

【情绪调节】

走进牛角尖的人把自己装进一个黑暗狭窄的空间里，这个时候你眼前的世界都是黑色，但是人生应该是由很多鲜艳的颜色来组成。放开你的视野，放开你的胸怀，每天给自己一个微笑，一点积极的心态，跳出牛角尖才能发现更多美丽的风景。

2. 累了就先放下手头的工作

人类本能的心理需求之一就是希望通过劳动实现自我价值，不断地接受适度的挑战来给自己成就感。但是把自己像皮筋一样绷紧并不能取得好成绩，只会让你越来越疲惫。身心疲惫的时候，不妨暂时放下工作，给自己一个休息的时间和空间，积蓄能量才能获得成功。

以前曾经听说过这样一件奇怪的事情。浩瀚无垠的大西洋海面上空，出现了一个庞大的鸟群。数以万计的海鸟在天空中啾啾地盘旋，并不断发出震耳欲聋的鸣叫。

更为令人惊诧的是，许多鸟在耗尽了全部体力以后，义无反顾地投入茫茫大海，海面上不断激起阵阵水花……

原来，这些海鸟葬身的地方，很久以前曾经是一个小岛。对于来自世界各地的候鸟们来说，这个小岛是它们迁徙途中的一个落脚点，一个在浩瀚大海中不可缺少的"安全岛"，一个在它们极度疲倦的时候可以栖息的地方。

然而，在一次地震中，这个无名小岛沉入大海，永远地消失了。迁徙途中的候鸟们仍然一如既往地飞到这里，希望稍作休息，摆脱长途跋涉后的疲惫，积蓄力量开始新的征途。

但是，在茫茫的大海上，它们却再也无法找到它们寄予厚望的那个小岛了。早已精疲力竭的鸟儿们只能无奈地在曾经的"安全岛"上空盘旋鸣叫，盼望着奇迹的出现。当它们终于绝望的时候，全身最后一点力气已经消耗殆尽，只能将自己的身躯化为汪洋大海中的点点白浪。

和这些鸟一样，在紧张忙碌的生活中，每个人都会有身心疲惫的时候，每个人都需要一个栖息的地方。但不要像那些海鸟一样，等到精疲力尽的时候，面对已经沉没的"岛屿"，无助地将自己的生命断送在无底的深渊。

看看现在的人们，下班越来越晚，心里的压力越来越大，无休止地加班，身体偶尔会有一些不适，心情无缘无故地烦躁。这些都在告诫累了的人们应该休息了。夜深人静的时候，也许你想明天要请个假，好好在家休息一天，但是天亮以后，新的任务又催促自己赶紧上阵，于是又开始了一个新的循环。

一次又一次的循环让已经疲惫不堪的人们周而复始地运作。机器都会出现故障，何况是血肉之躯的人呢？

累了就让自己休息，过度勉强自己超负荷地工作，并不会让自己的工作效率有所提高，疲惫的心灵和身体会变成拽着你原地踏步的元凶。你工作不好、生活不好，然后身体健康就开始亮起红灯，一切都变成你恐惧的样子，并周而复始形成恶性循环。

面对问题，要解决它，就要找到问题的根源。到底是什么原因让我们疲于奔命呢？

（1）不要过分追求完美

追求完美无可厚非，但是过分追求完美就会让你处于紧张的状态难以自拔，遇到任何一点小瑕疵就过度自责。人生本来就不是完美的，有一些缺陷也是正常的，如果一直执着于完美，无疑是给自己套上枷锁，让自己举步维艰。

（2）强迫自己从事情中抽身离开

很多时候不是不想放下工作，当工作形成一种惯性的时候，要放下谈何容易呢？这个时候不如强迫自己出去走走，吃顿丰盛的饭。从这件事情和情绪中抽离出来，享受一下不一样的东西，或许你的思路就开阔了，问题就会很容易解决。

（3）把得失心放下

很多人总是希望自己可以得到更多的东西，从而忽略了身体和情绪上已经"超重"。眼光要长远，不要因为眼前的一些小得失而让自己的生活受到严重影响，那不就是捡了芝麻，丢了西瓜吗？

就算是机器也需要适当地停下来保养一下，何况是人呢？累了就不要硬撑，休息之后才能有更好的效率。

【情绪调节】

人不可能像一部机器一样总是处于工作状态，时间长了，你没有了好的思维，也就没有了好的心情，一点小事就会让你烦躁不已。接下来又是坏心情，然后又烦躁不已。你的心情就陷入了一个恶性循环之中。这个时候只有放松休息，才能保证你的身体和思维一直充满新鲜的养料。

3. 情绪不好时转移注意力

专注地想那些糟糕事，会陷入思维沉迷与情绪紊乱状态，如果你将注意力转移，对原来痛苦的体验便会被阻隔。情绪的帆船需要自己来为它掌舵，在遇到坏情绪的时候，转向另一个方向可以避免情绪触礁，保持好的心情状态。

一天，米尔顿的小儿子罗伯特生气地回到家，他重重地把门摔上，对爸爸抱怨道："杰克真是太讨厌了，总是喜欢和我唱反调！"米尔顿看着儿子说："哦，唱反调！听说了吗？最近流行唱反调，我想这种唱法不会流行太长时间。"

儿子奇怪地看着爸爸问："爸爸，你居然还关心流行乐坛，我就很喜欢听摇滚，不过杰克喜欢布兰妮，他总说我听的摇滚太吵了！"

米尔顿听儿子这么一说，就马上转身看着儿子说："亲爱的，你晚上会不会被吵醒？我这几天一直在看午夜的电视节目，希望不要打扰到你休息才好。"

罗伯特认真地想了想说："我确定没有，因为我都不知道你看的什么节目。我睡得很好，放心吧！对了，你都看什么呢？"这个时候罗伯特的注意力被爸爸看的节目吸引过去了，完全把和杰克吵架的事情忘记了，于是他们开始讨论什么节目有意思。

吃晚饭的时候，罗伯特假装生气地对爸爸说："你一直都在和我说别的事，我都忘了生杰克的气了。"

这个时候米尔顿笑着说："亲爱的，这不是很好吗？我们可以随时把坏情绪赶跑，不要让坏心情一直困扰着我们。"

这个聪明的爸爸很轻易地就帮助儿子把坏心情给转移走了。其实情绪只是很短暂的一个过程，但是如果我们总是把注意力放在它身上，那它会一直盘踞在我们心头，好心情自然就不会出现了。用成本理论来计算的话，因为坏心情的盘踞已经让我们很不舒服了，好心情又不能来到，那不是损失更多吗？

当我们长时间把思维与注意力集中在给自己带来不良情绪的事情上时，消极因素就会不断累积，从而使我们钻入思维与情绪的牛角尖。如果此时能够想办法把注意力从不良情绪转移到其他事物、其他活动中去，让新的思维占据大脑，这种不良情绪就会减弱甚至消失。

转移注意力是一种非常有效的自我控制法，但是很多人并不真正理解要如何进行转移。其实转移注意力可以通过以下几个途径：

（1）当出现坏情绪的时候，把注意力转移到使自己感兴趣的事情上去

例如散步、看电影、看电视、读书、打球、聊天，这些让人觉得轻松的事情可以在很大程度上转移你的注意力。它不仅有效地中止了不良情绪的作用，防止不良情绪蔓延，还能够通过参与新的活动特别是自己感兴趣的活动而达到增强积极情绪的目的。

（2）把注意力转移到这件事的另一个方面去，即换一个角度看同一件事

同样的一句话，在寻找讨厌的理由时，这句话就是坏话，没安好心；在寻找喜欢的理由时，这句话就是好话，肺腑之言。产生如此大差别的根源就在一

个点上，就是你的注意力。所以，改变情绪最有效且最简单的一种方法就是改变我们看这件事的角度。

（3）通过吟诗来转移注意力

据说在意大利的不少药店里，有的药盒里装的不是药，而是由心理学家及文学家共同设计选编的诗歌，患者通过大声吟诵就能缓解疼痛。

（4）数颜色也是一个不错的转移注意力的办法

当你感到怒不可遏的时候，尽快停下手中的事情，独自找一个没有人的地方。首先，环顾四周的景物，然后在心里自言自语：那是一面白色的墙壁，那是一张浅黄色的桌子，那是一把深色的椅子，那是一个绿色的文件柜……一直数到 12，大约疏导 30 秒左右。通过这种办法，可以把你的注意力从坏情绪中解脱出来，以免你在坏情绪里越陷越深。

【情绪调节】

不要为拥挤的交通焦躁，尝试看看路边的大树、小草、行人，也许你会发现更多有趣的事情。沉浸在坏情绪中并不能让你更好地解决问题，而转移了注意力也许会给你更多的启发以及更开阔的视角去看待这个世界。

4. 想想那些不如你的人

林肯曾说："大部分的人在决心要变得幸福的时候，就会有那种幸福的感觉。"这个世界上能让我们感到幸福的东西太多了，但是很多人总是在抱怨。如果我们能多想想那些不如自己的人，学会比较，了解到自己比上不足、比下有余，就会时常感到幸福。

梅大姐所在的公司一直不景气，最近为了节省开支，就把一批职员解雇了，梅大姐也在其中。因为一直找不到合适的工作，梅大姐变得越来越失意。女儿为了让妈妈不那么难过，就介绍妈妈到自己的公司做一名文员。梅大姐听了非常生气，她说，自己以前怎么也是一个主管，怎么能去做小职员呢？

从那以后，梅大姐越来越消沉了，她觉得自己再也不是以前那个自信的人了。从前爱漂亮的她现在每天穿着拖鞋和睡衣就出去买菜。以前总喜欢和邻居聊天，现在却总是闷在屋子里看电视。

一天，她来到菜市场，发现这里多了一家卖饼的小摊。老板娘把自己收拾得整整洁洁的，甚至还特别把自己打扮得漂亮一些。老板娘是个能聊的人，就和梅大姐攀谈起来。

了解了梅大姐的事以后，老板娘说："其实有什么呢？你看我，我以前就是一个工厂的主任，但是工厂倒闭了，我不得不卖起了烧饼。"

"你不觉得自己很惨吗？"梅大姐问道。老板娘哈哈大笑起来，说："有什么惨的？很多人饭都吃不饱，我现在这样算是好的了。"

梅大姐忽然觉得老板娘说得对，自己并不是最惨的，并且有了一种重新上班的冲动。她马上回家，找出最漂亮的衣服，到女儿的公司应聘了。

其实，在我们身边不如我们幸福的人到处都是，我们并不是这个世界上最不幸的人。就像老板娘一样，失意的时候就想想"我现在这样已经很不错了，还有很多不如我的人，我该知足了"。这个世界不能满足我们所有的需求，所以只要尽力就好，力不能及的就由它去吧！如果对生活充满了抱怨，那是因为我们不知道更坏的情况是什么样子的。

幸福的人不会拿自己没有的东西去和别人拥有的东西比较。恰恰相反，他们往往懂得满足。不如意的时候想想：当人们谈恋爱埋怨对方长相不好的时候，有的人却在失恋；当人们因生活太平淡而对富人十分羡慕的时候，有些人却因为没有食物而饿死；当人们觉得自己收入没有别人高的时候，有些人却在为失业而奔波；当人们赤脚没鞋穿的时候，是否看到双足伤残的人的出路？

其实，人们的艰辛在别人眼里已是幸福。每次抱怨生活的时候就问问自己："世界上也许有一半以上的人都是不如意的，但是大家还是照常地生活，为什么我不能呢？"学会了正确地比较，才能在比较中找到自己的幸福。

比较让人感受到幸福，但是不恰当的比较也会让自己徒生悲伤。所以，正确地把幸福拿出来比较是很重要的。

（1）看问题要全面

当你只看到别人取得成功而生出嫉妒心理的时候，是不是应该想想别人在成功之前付出了多少，有多少苦难和艰辛让他们流泪？当你看到成功的全过程时，你也许就不会心理不平衡了。

（2）永远不要拿自己的不幸和别人的幸福比较

每个人都有属于自己的个性和魅力，如果一味地羡慕别人的幸福，而忽略自己的优势，在你眼里你永远都是一个残疾人，总是有某些缺陷会让你一直介怀，一直不快乐。

（3）换个角度看世界

世界上的人不都是幸福的，有很多人并不富有，甚至遭受疾病的困扰，但是他们还是认为自己是幸福的，因为他们身边或许有不离不弃的亲人，他们或许有知足常乐的心态。站在阴影下自然看不到阳光。

【情绪调节】

人总是在得到一的时候想着二，得到二的时候想着三，需求总是无休无止地增加。如果我们学会多想想那些不如我们的人，用自己幸福的地方去和别人不幸福的地方比较，而不是总用别人的幸福来衬托自己的不幸，那么幸福就已经来到你的身边了。

5. 在等待中发现美

在人生的道路上，如果没有耐心去等待成功的到来，那么，只有用一生的时间去面对失败。等待是生存的技能，是心理复原的良药。要保持良好的心情，就要学会积极地等待，在等待中积蓄力量，在等待中磨炼自己，在等待中寻觅机会。

小缪和小秦的女儿都上小学三年级，因为学校离家远，所以每天上学放学都要她们开车送女儿去学校。

每次去接孩子都会遇到堵车。小缪每次都很着急，甚至很暴躁，她甚至会重重地拍一下方向盘，而且不停地抱怨道："交通怎么一直都这么堵，还让不让人活了，这怎么走啊！走路都比开车快了！"女儿看着妈妈生气的样子，什么话都不敢说。

而小秦则总是在堵车的时候轻松悠闲，要不就是和女儿聊天，要不就是看看窗外，今天她会发现一朵昨天还没有开的黄色的小花，然后招呼女儿一起看。要不就是指着窗外说："宝贝，你看外面的那个年轻人多好玩，走路像跳舞一样。"女儿也一直在寻找路边有趣的事情和妈妈分享，母女俩其乐融融。

小秦常说："焦急也没用，还不如在堵车的时候看看不一样的东西，心情也好很多，还能和女儿多交流呢！"

万事俱备，只欠东风。但东风并不是每天都会来，更不能事先预约。在东风来临之前，我们能做的就是少安毋躁，耐心等待。

在漫长的人生旅途中，总有一段除了等待以外再也没有任何办法可以通过的阶段。人的能力是有限的，总会碰到很多事情，因自己没有能力解决而无可奈何。这个时候我们没有必要痛苦不已，自责内疚，因为这些情绪在等待面前显得苍白无力。只有怀抱积极的态度来面对，我们才能更好地生存和发展。人生没有过不去的坎，遇到不顺利的事情，如果无法改变，我们就需要暂时等待。

人生并非处处顺利平坦，总会伴随一些不幸、一些烦恼。无论遭遇到任何不测，我们都需要慢慢等待，毕竟，任何一种内心的平静和醇厚的美酒一样，都是需要时间的积淀才能享受的。

有些事情是不能等的，但有些事情是必须要慢慢等的。学会等待，有些事情才能化解，某些感情才能释怀，我们才能慢慢品味人生。

【情绪调节】

等待不是无所作为，而是为了有所作为。因此，我们必须放弃等待中无所事事的埋怨，学会积极地等待，学会用等待驱散黑暗，用等待走出逆境，用等待迎接命运的每一次挑战。学会在等待中发现美，才能使人生不虚度。

6. 人要学会遗忘

命运从来不给人回头的可能，如果我们错过了、失去了，那就只能沿着自己选择的那条路不回头地走下去。要让自己在这条路上走得开心、走得幸福，就要学会遗忘，遗忘掉那些痛苦和不幸，遗忘掉那些失去和遗憾，这样你才能轻松地享受幸福。

小米早上一出门就把家里的钥匙锁在屋里了，到公司因为一个计划书的问题无缘无故背了黑锅，被上司骂了一顿，还说要扣他的工资。吃饭的时候又被一个冒失的人撞倒了，把脚腕都摔肿了。

正当他和同事抱怨的时候，女朋友打电话冲他发脾气，还赌气说要分手。这一天真是糟糕透了，他越想越生气，一直到下班，他都没办法静下来。于是他一个人到大街上闲逛，反正现在也没办法进家门。

他走到一家卖鱼的店前面，看着这些鱼在水里游，又勾起了小时候和爸爸来买鱼的回忆。那个时候多好啊，每天无忧无虑的。这个时候店主走过来说："买条鱼吗？看着这些鱼心情都会好一点。"小米奇怪地问店主："为什么看着它们心情会好？它们一样被关在鱼缸里出不来。"店主指着鱼说："你知道吗？鱼快乐是因为鱼的记忆只有7秒，就是说7秒之后所有不快乐它都忘记了，又有了新的开始。"

小米听了心情忽然好了许多，他马上买了3条鱼，他想：以后有什么不开心的就和鱼一样，在7秒钟内忘记，这样就会像鱼一样快快乐乐的。

如果大家都能像鱼一样，把不开心的情绪在7秒之后都忘记了，那么还会有那么多不幸福、不快乐的人吗？任何事过去了，就没有再重温的必要。我们的心理空间能有多大呢？背负太多的过往，就无法为未来留有一席之地。一味地沉醉于过去，总希望重温旧梦，就是在扼杀将要拥有的未来。明天的灿烂一定能使你忘却过往的痛苦，为什么不给未来更多的空间，为它做更多的努力呢？

忘记是对过去痛苦的解脱。尽管忘记过去是十分困难的事情，但是，只要因为回忆过去发生的事情而损害了目前的生活，这种回忆就是在毫无意义地损害我们自己。如果学不会忘记，让那些伤心事、烦恼事、无聊事永远萦绕于心头，在心中烙下永不褪色的印记，那就等于背上了沉重的包袱、无形的枷锁，就会让自己活得很累很苦。

忘记不是要你彻底失去对过去的记忆，而是要你真正做到放下。只有打开自己的心结才能救赎生命。悲伤会成为过去，不幸也会成为过去，伤害也会成为过去，明天会是新的美丽的一天。

要拥有美丽的一天，最重要的是学会放下悲伤，遗忘痛苦。那么如何隔断负面记忆对情绪所形成的影响呢？

（1）选择好时机来回忆

选择心情平静的时候，回忆过去的经历，从而获得一个客观的评价。选择心平气和的时候来回忆愤怒的记忆，这个时候充分的理性与理智的分析才能帮你看清过去，认清现实，把握未来。

（2）获得新角度

培养积极的心境与积极的情绪状态，从而获得一个崭新的看待问题的角度。对同一件事，不同的情绪状态、不同的心境所引发的回忆会有很大不同。因此，转变心境，培养积极的情绪状态可以帮助你看清以前没看清的东西。

（3）换一个积极的环境

寻找一个恰当的新的情景、新的刺激来唤起更为积极的情绪体验，让积极的环境来给你一些刺激，使消极的心情变得积极，悲伤的情绪变得平静。

【情绪调节】

如果我们总是在过去的岁月中游荡、停留，就会忘记向前方奔走，忘记对未来的追求。人生难免起起落落，错综复杂，难免悲伤绝望，所以记住，转过身，就不要再回头，当我们放下之后，就不要再拿起。

第四章　情绪传导——别被他人的不良情绪左右

坏情绪就像瘟疫，一旦被传染，你就会跟随对方进入某种状态，丧失理性思考的能力。比如，有人抱怨最近工作压力大，市场环境恶化，你在不知不觉中就容易认同这种观点，甚至对前景失去信心。因此，学会理性思考，别被他人的不良情绪左右，才能做一个有主见的人。

1. 情绪很容易传染

情绪一直潜伏在空气之中，在你一不留神的情况下就偷偷溜进你的大脑。要学会对自己的精神负责，对自己的生活负责，对自己的笑容负责。心灵的天空如果被病毒入侵了，就不再是健康快乐的了，所以千万不要轻易被坏情绪传染了。

有这样一个故事：某天傍晚，妻子下班路过菜场，心情不错，就顺便买了一条鱼回去做晚餐。不一会儿，她就把自己的拿手菜糖醋鱼做好了，等丈夫和女儿回来吃饭。她想，丈夫最爱吃自己做的鱼了，一定会很开心。

这时，门开了，丈夫回来了，她赶忙迎上去，谁知丈夫却阴沉着一张脸，一声不吭。她问道："你怎么啦？"丈夫把皮包往沙发上一扔，就走进房间去了。妻子心里顿时非常不快，往沙发上一坐，又气愤又后悔。她想："我真是自作多情，还做什么鱼给他吃，瞧这态度，不像话！"

正生着气，女儿回来了，一进门就兴高采烈地喊："我考上了，我考上了。"原来重点高中录取名单公布了，女儿考上了，这可是近几年来一家人最大的愿望啊。一股喜悦油然从心底升起，妻子刚才的郁闷一扫而光。丈夫也在房间里听到了，立刻奔了出来，满面笑容，一家人沉浸在欢乐之中。

这只是生活中很普通的一个场景，前后不过几分钟，妻子和丈夫便历经了情绪的起伏变化。妻子原本愉快的心情被丈夫不好的情绪所传染，丈夫可能是在工作上或下班途中遇到什么不顺心的事，就把负面情绪带到家里来了。当女儿传来喜讯，夫妇二人立刻把刚才的不良情绪抛到九霄云外去了，被女儿的心情所感化。

情绪是会传染的，在人与人交往时尤其显著，学会保持良好而稳定的情绪有益身心健康。我们切莫使自己的心被外界不良情绪所困扰，产生许多无谓的烦恼，要扬善避恶，使精神保持平静祥和。

我们如果不善于控制好自己的情绪，任由不良情绪影响自己的行为，就会剥夺我们拥有幸福的权利。

当我们遇到别人生气时，我们需要做的不是与他动粗，"以暴制暴"，而是用健康的情绪去感染他，转移他的注意力，引导他产生愉快的心情。实验表明，人们在相互交流接触时，情绪会通过手势、语言、眼神等方式传递给他人。我们如果能安抚别人的情绪，将自己的快乐传播给他人，将是一件很有意义的事情。同时，我们也要防止别人的坏情绪传染我们，做好自己的情绪免疫，才能让心灵如同身体一样健康。

坏情绪就像是病毒，一不小心就会被传染，要保证自己情绪的健康，就要学会不断地增强情绪的免疫力。那么，要怎么做才能让情绪"百毒不侵"呢？

（1）学会发泄

当人积累的不满、愤怒等原始情绪达到峰值而无处发泄时就很容易被传染，就像一个身体不好的人很容易被人传染疾病一样。因此，遇事要避免压抑，及时与人沟通并表达自身感受，同时努力寻找到适合自己的情绪发泄方式，运动、旅游都是不错的选择。

（2）学会拒绝

一个人持续接受自身排斥的事物时，很容易对环境产生逆反心理。因此，不要一味被动接受要求或指令，在适当的时候根据自身情绪状态拒绝别人不合理的安排或牵扯。

（3）学会隔离

如果你是遇事敏感，容易引发情绪焦虑的人，那么当你感到自己快要爆发的时候，就把自己隔离起来，给自己一个空间，让自己可以在这个空间里面得到冷静。还应该尽量避免与他们谈论自己的"病发"细节，与团队中"免疫力"相对较高的乐观人士增加接触机会，这样可以让你时刻接受快乐情绪的"传染"。

【情绪调节】

任何时候都不要小看情绪的传染力，我们能做的一方面是避免坏情绪传染给自己，另一方面就要积极地靠近那些乐观、快乐的人。所谓近墨者黑，近朱者赤，让自己多接触一些幸福的人，你自然也会感受到幸福。

2. 宠辱不惊才能笑看人生

社会在不断地进步，产生的诱惑也越来越多。是非、成败、得失让人或喜、或忧、或悲、或惊、或惧、或怒，一旦欲壑难填，人生的希望就会落空，导致失落、失意甚至失志。做到宠辱不惊，方能笑看人生。

居里夫人是一位卓越的科学家，她一生曾两次获得诺贝尔奖，获得其他奖项也达 8 次，各种奖章 16 枚，各种名誉头衔 107 个，但是她却对成就看得很淡。

有一天，她的一位朋友来她家做客，忽然看到她的小女儿正在玩弄英国皇家学会刚刚颁发给她的一个金质奖章，于是惊讶地说："居里夫人，得到一枚英国皇家学会的奖章，是极高的荣誉，你怎么能给孩子玩呢？"

居里夫人笑了笑说："我是想让孩子从小就知道，荣誉就像玩具，只能玩玩，绝不能永远守护着它，否则就将一事无成。"

1910 年，法国政府为了表示对居里夫人的崇敬，决定授予她骑士十字功勋，但是居里夫人拒绝接受。居里夫人——这位把荣誉看得淡如水的女性，正如爱因斯坦说过的：在所有的著名人物中，居里夫人是唯一不为荣誉所腐蚀的人。

以一颗低调的心善待一切是一种境界，那你就不必为了一时的平淡或寂寞而急躁抱怨，也不必为了一时的辉煌而诚惶诚恐或欣喜若狂。学会低调才是对生命透彻的领悟，对一切烦恼的顿悟，对生命真谛的领悟。

要宠辱不惊说起来容易，做起来确实有些困难。这个大千世界多姿多彩令我们怦然心动，名和利都是你我所欲，又怎能不喜不悲呢？其实关键就要看你如何看待了，心中无过多的私欲，那就不会患得患失；认清自己所走的路，得之不喜，失之不忧，不要过分看重成败，不要过分在乎别人对你的看法。

宠辱不惊是人生的一大境界，在面对荣辱的时候要学会随遇而安，"不以物喜，不以己悲"。

要宠辱不惊，最重要的就是要让自己的心处于一种低调的状态。那么，我们在面对那么多诱惑的时候，怎样才能做到低调呢？

（1）姿态上坚持低调

在低调中修炼自己。低调做人无论在官场、商场还是政治军事斗争中都是一种进可攻、退可守，看似平淡，实则高深的处世谋略。

谦卑处世人常在。谦卑是一种智慧，是为人处世的黄金法则，懂得谦卑的人，必将得到人们的尊重，受到世人的敬仰。

大智若愚，实乃养晦之术。"大智若愚"，重在一个"若"字。这种甘为愚钝、甘当弱者的低调做人术，实际上是以退为进的智慧，它鼓励人们不求争先、不露锋芒，让自己明明白白过一生。

（2）心态保持低调

功成名就更要保持平常心，当你有了地位、名誉、财富的时候，自然成为人们注目的焦点，只有低调才能避免树大招风。而且，只有放低姿态，才能不骄不躁，追寻更大的成就。

做人不要恃才傲物。当你取得成绩时，你要感谢他人、与人分享、为人谦卑，这正如让他人吃下了一颗定心丸。如果你习惯了恃才傲物，看不起别人，那么总有一天你会独吞苦果！请记住，恃才傲物是做人一大忌。

（3）行为注意低调

深藏不露，是智谋。过分地张扬自己，就会经受更多的风吹雨打，暴露在外的椽子自然要先腐烂。一个人在社会上，如果不合时宜地过分张扬、卖弄，那么不管多么优秀，都难免会遭到明枪暗箭的攻击。

时常有人稍有名气就到处扬扬得意地自夸，喜欢被别人奉承，这些人迟早会吃亏的。所以在处于顺境时一定要学会藏锋敛迹，千万不要把自己变成对方射击的靶子。

（4）言辞保持低调

不要揭人伤疤。不能拿朋友的缺点开玩笑。不要以为你很熟悉对方，就随意取笑对方的缺点，揭人伤疤。那样就会伤及对方的人格、尊严，违背开玩笑的初衷。

放低说话的姿态。面对别人的赞许恭贺，应谦和有礼、虚心，这样才能显示出自己的君子风度，淡化别人对你的嫉妒心理，维持和谐良好的人际关系。

（5）心志一定高调

立高远之志，创辉煌人生。在你还是默默无闻不被人重视的时候，不妨试着暂时降低一下自己的物质目标、经济利益或事业野心，做好一个普通人的普通事，这样你的视野将更广阔，或许会发现许多意想不到的机会。

【情绪调节】

心灵负重太多，就会陷入世俗的泥沼不能自拔。金钱的纷争、权利的诱惑、得失的吸引，这些让人殚精竭虑的事情让我们太过执着于名利。在成功面前，宠辱不惊才是最好的军师，时刻给我们提醒，不要给心灵加重包袱，宠辱不惊才能笑看人生！

3. 事情不是你想象的那样

天空阴霾是不是就一定会下雨？月亮残缺是不是就一定是天狗食月？其实有的事情并不全都是你想的那样。阴霾的天空会放晴，月亮残缺了还会再圆。任何事都有其两面，如果一直把事情引到你糟糕的情绪中去，无论是悲伤还是恐惧，你将永远成为他们的奴仆。

　　有个人很喜欢旅游探险，一次他一个人到山里去旅游，坐在山路边休息时，脚被一只黄蜂蜇了一下。但是，他并没有发现那只黄蜂。他摸着脚腕上那个肿胀的包，心中感到非常恐惧。因为，他曾经听人家说过，这座山里生长着一种毒虫。而且，他还知道被毒虫咬了以后，只要走出十步，便会丧命。

　　想到这儿，那人的脚腕越加肿痛了，疼痛开始传遍全身的每一根神经。他敢肯定自己是被咬了。幸亏，当时他在听人说这件事的时候，曾跟人家请教解救的办法：只要原地不动，在心里默念"毒虫，毒虫"的咒语，到日落西山的时候，毒性会自然解除。

　　于是，他就站在那儿，默默地念着咒语。但是，他的内心仍然非常恐惧。火辣辣的太阳烤得他头晕目眩，他只是在急切地盼望着日落。结果，还未等到日落，他就晕倒在山上。

　　他被人送入山下的医院救治，医生们经过检查后发现，他是因为中暑晕倒的。待他醒过来之后，医生问他中暑的经过。他告诉医生，他在山上游览时可能是被毒虫咬了。

　　医生听完后，竟哈哈大笑起来，并告诉他，毒虫只是一种传说。

　　这个故事告诉我们，很多时候我们不是被自己的能力打败的，而是被我们想象中的恐惧打败的。恐惧是一种很容易传染的病菌，也许事情并不是你想象的那么坏，但是恐惧的病菌一旦进入你的身体，你就会变得忧郁和怯懦。

　　恐惧是我们每个人都会产生的心理状态，恐惧也是人类生存下来的一大功臣，因为有了恐惧，人类才能学会趋利避害，才会注意保护自己。但是如果我们过度地恐惧，就会草木皆兵，任何时候都害怕，任何问题都要逃避。

没有一种情绪是强大到不可战胜的，只要你懂得看清它们，不要放大或是缩小，我们都可以战胜。坏情绪很多时候不是因为客观条件产生的，而是来自人的主观。一件原本不是很严重的事，在人的坏情绪酝酿之下就变得无比可怕。其实很多人在度过了事情的危机以后会发现，事情并没有我们想象的那么糟糕，只是因为我们身处其中，让情绪左右了我们认知的方向，永远只看到坏的那一面。

想要让事情全面地呈现在我们的情绪面前，我们就要学会用正确的态度看待这些问题，那正确的态度都是些什么呢？

（1）没弄明白之前不要随意想象

以前人们不知道为什么在墓地里会有飘来飘去的火，他们不明白，于是就加入了很多想象编出了这样一套说辞，他们说那是鬼火，是要来害人的，于是大家都非常害怕。直到很久以后，我们才知道这是一种自然现象，是磷燃烧。从那以后，怕鬼火的人自然少了很多。很多事情也都是一样，因为我们不清楚，所以就总把事情想象得很糟糕很可怕，最后才发现其实是自己想多了。

（2）客观一点有助于你看清事实

或许你只是听到了一些好朋友陷害你的流言，你不管这是不是真的，就开始发脾气，怨恨朋友。你为什么不愿意客观地分析一下？或许简单地想一想你就会知道这不符合逻辑，不可能是真实的。冷静客观才能看清事情的本质。

（3）接受不同的答案

每一件事都有很多面，不光是只有你死心眼认定的那一个。从你的角度看到的是好的一面，或许从别人的角度看到的就不一样，不要固执地认定自己坚持的才是对的，对事物应采取弹性的态度，不要冥顽不灵。

（4）先把情绪收起来

很多时候是你预先设下的情绪让你看不清事情的真面目。或许你看到了某人就觉得讨厌，甚至都不管他做了什么。任何事都不要主观地加入一些不必要的情绪，先看清楚再决定该喜还是该忧。

【情绪调节】

在生活中因为一点困难和挫折就痛苦得要死要活，回过头以后就会发现，情况其实并不那么严重。恐惧的时候要告诉自己，我没有那么懦弱，绝望的时候告诉自己，明天还会有希望。当坏情绪困扰你的时候，不妨和自己说一声"其实事情并不是我想的那样"。

4. 做一个有主见的人

在人的一生中，许多事情都是需要自己决定、自己面对的。无论是自己要走的路要做的事，甚至是自己的情绪，都需要我们有主见，不能随便就受到了别人坏情绪的感染。人生而为人，就要活出自己，而不是舞台上的木偶娃娃，嬉笑怒骂都由别人来控制决定！

琳琳总喜欢到一家店里看首饰，只是她现在还买不起。每次她都会在店里看看，还经常让营业员拿出一些项链、戒指等饰品让她试戴，但她从来没买过。

这次，琳琳刚进门，就看到营业员——一个她已经熟悉的女孩始终低着头，好像情绪不太好。原来她违反了公司规定，在工作时间发短信，受到了经理的严厉批评。

琳琳示意她拿出刚到货的一款项链让自己试戴一下，这次，这个女孩慢腾腾地走过来，一边拿一边慢条斯理地问她："你买吗？"谁都听得出来，这话有轻视的意味。

这句话严重地伤了琳琳的自尊心。她也一下子来气了，冲着女孩说："我买不买关你什么事，你管得着吗？"说完，琳琳摔门而出。

一路上，琳琳在心里不停地骂："神气什么？""不就是个营业员吗？""我买不起，难道你买得起吗？"琳琳到楼下了还在生气。

电梯等了好久还不下来，真烦。这个时候，有一个女人推了一个一岁多的小男孩走过来。小男孩长得很可爱，当推车停到琳琳身旁时，他一边双手乱舞，一边冲着琳琳使劲地笑。那个妈妈随即也弯下腰来，对小孩说："宝宝，叫阿姨……阿姨。"

"阿……姨！"小男孩叫了一声，琳琳不得不冲着他说："乖！"顺便也去摸孩子的小手，孩子也拉着琳琳的手笑出声来。

这下，琳琳真心地被小孩逗笑了，满腔的不愉快突然全部无影无踪。

琳琳先是传染到了首饰店的店员愤怒的坏情绪，于是一直都很生气，使得她连等电梯的耐心都失去了。直到看到小男孩灿烂的笑容，他用好心情感染了琳琳，她才又恢复了好心情。

面对别人的坏心情，如果我们不能处理好，自己难免也会被传染，轻则心情低落、情绪不稳，重则大发雷霆、情绪失控。现在有一个词特别流行，叫"淡定"，说的是我们要保持平和稳定的心态，不要受别人、环境的影响。要为自己的情绪做主，不要别人喜，你跟着喜；别人忧，你也跟着忧，完全被别人左右，失去了主见。

我们常常说要做一个有主见的人，其实主见不仅表现在事情的判断上，更重要的是对自己情绪的控制上。绝大部分成功的人是具有稳定性格的人，而不是才华横溢或者智商较高的人。这种稳定性格不仅包括能很好地控制自己的不良情绪，还包括对别人负面情绪的免疫能力。如果超市的售货员对你爱答不理，甚至冷漠以待，那么，你是不是会因为他们的态度不好而生气呢？如果是这样，那么你每天的好心情几乎都会被别人破坏掉。你是为自己生活，你的情绪是在为自己的生活着色，如果总是受到别人坏情绪的感染而让自己的生活总是呈现灰黑色，那不是很不值得吗？

那么我们应该怎样为自己的情绪做主，怎样才能让自己修炼得百毒不侵呢？

（1）尽量远离消极的人

如果一个人见了你，总是在抱怨老板刻薄，或是整天向你诉说人生太苦，哀叹自己的运气多么差……那么请你尽量远离这样的朋友，就算你对坏情绪的"免疫力"再强，也不能保证长期与其在一起不受一点影响。

（2）凡事要有主见，专注于自己的心情

没有主见的人，最容易受别人情绪的感染，当与你在一起的人比较消极的时候，你可以安慰他，尽量向他传递你的正面情绪，而不是被他拉入消极的漩涡。

（3）提醒自己一句"我很好"

或许消极的人总是出现在你身边，你总是避不开他们，那你就想一想自己比他们好的地方。或许他们老板刻薄小气，但你的老板至少还会请你们吃个蛋糕；或许他们觉得生活没有希望，但至少儿子的出生让你更有动力去奋斗。我们总能在自己身上找到比别人幸福的点，只要你愿意。

（4）不必在乎那些没有意义的坏情绪

或许你今天去买东西的时候遇到一个态度超级坏的售货员，你千万不要跟着生气。就算他生气了，他冲你发火，你又不会少块肉；相反，如果你生气了，那你今天一定会过得坏极了，不要做这种赔本的生意。

【情绪调节】

没有人会完全不受外界影响，所以要学会控制自己的心情，做自己情绪的主人，而不是让别人决定你的心情。加强自己对别人坏情绪的"免疫力"，只有这样才能每天拥有好心情。

5. 让镇静成为你的习惯

对人生而言，学会镇静是一笔宝贵的财富。它会让你懂得，一旦面前出现惊涛骇浪、乌云笼罩，焦虑、苦恼非但于事无补，有时还会使事情变得更糟，而恰如其分的镇静能够让你稳住阵脚、挽回损失。

在印度，有一位太太请客。大家围着桌子坐着，一面吃喝，一面说笑。忽然女主人把女用人叫来，低声吩咐了几句话。女用人听了脸色发白，急忙跑了出去。

不一会儿，女用人端了一碗热牛奶，匆匆穿过客厅，把牛奶放在了阳台上。客人都觉得很奇怪，可女主人仍然有说有笑。又过了一会儿，女用人赶快把阳台的门紧紧关住，大声地吐了一口气。女主人说："好了，现在大家都安全了。"

客人问女主人到底是怎么一回事。她说："刚才我们桌子底下有一条眼镜蛇，不过，我现在已经把它关在门外了。"

客人都吓了一跳。女主人说："眼镜蛇来的时候，我不敢惊动它，也不敢告诉你们，只好假装没有事。因为眼镜蛇最喜欢喝牛奶，所以我让人把一碗热牛奶放在阳台上。它一闻到牛奶味，就会跟去。女用人看见眼镜蛇到阳台上去喝牛奶了，就马上把门关起来了。"

一位客人说："你怎么知道眼镜蛇就在桌子底下呢？"她说："我能不知道吗？眼镜蛇就盘在我的脚上呀！"

另一位客人说："你为什么不喊我们帮忙呢？"她说："我一喊，你们都会慌乱起来。大家一动，蛇受了惊，只要咬一口，我的命就完了。"

谁都无法想象如果当时女主人不够镇定，而是慌乱地尖叫，那么大家一定会被恐惧俘虏，最后的结局可想而知。如果一个人不够镇定，那么他慌乱的情绪很容易就传染给周围的人。

生活中，每个人都难免遇到一些突发事件。只有保持镇定冷静分析，我们才能选择有效的解决方式，并且要把这种镇定的情绪传递给其他人，帮助自己或他人脱离困境。反之，贸然采取一些不理智的举动，不仅会让镇定的人慌乱，还会让慌乱的人更紧张。

很多时候镇定就像是可以通过空气传染的细菌，在你毫不知情的情况下就能够迅速蔓延，但是请放心，传染镇定不像传染病菌那么可怕，甚至还是一件好事。试想一下，如果大家都能够镇定地面对突如其来的危险，那么可能很多悲剧就不会发生了。

那么我们到底应该怎样保持镇定不受传染，并且把镇定传递给更多的人呢？

（1）自我控制

无论哪一类突发事件，都会对人们的心理产生相当大的冲击与压力，使大部分人处在强烈的焦躁或恐惧之中。要做到镇定首先就要控制自己的情绪，保持沉着冷静，镇定自若，这样才有利于对突发事件的及时解决。

（2）靠近那些总是很镇定的人

一个人的习惯总是由环境的影响和自身的特点结合起来的，要让镇定成为你的习惯，就要多接触那些镇定的人，接受那些镇定情绪的感染，加固自我镇定情绪的围墙。在不知不觉中，你就会养成镇定的习惯。

（3）多做一些准备

我们希望自己变得镇定一些，那么就要学会多练习。当然了，我们不能够制造出一些危机事件来练习，但是可以多想想如果我们遇到危机事件的时候应该怎么做，有准备的时候总是会比没有准备的时候更有信心更镇定一些。看看身边遇事可以镇定自若的人，哪一个没有经历风雨？哪一个不是历练深厚的？我们没有这么深厚的经验就应该多学多看。

【情绪调节】

镇定自若，其实是情绪自我调控的一种成功策略，只有镇定才能想出更好的办法来面对眼前的困境。所以把镇定变成你的习惯，可以感染别人，也能感染自己，让自己无论何时何地都能够冷静从容。

6. 抛弃固有的偏见

叔本华在《哲学小品》第二百七十八回中写道"思想家应该是聋子"，其实他的意思就是作为一个作家，不应该受到别人的影响，形成偏见。不只是作家，每一个人都应该这样，一旦戴上有色眼镜看人，无论是多么纯洁简单的人，最终也会染上五颜六色。

美国南北战争期间，林肯为了稳健，一直任用那些没有缺点的人任北军的统帅。可事与愿违，他所选拔的这些统帅在拥有人力物力优势的情况下，一个个接连被南军将领打败，有一次还差点丢了首都华盛顿。

林肯经过分析，发现南军将领都是有明显缺点同时又具有个人特长的人，总司令李将军善用其长，所以能连连取胜。于是林肯毅然任命格兰特将军为总司令，但却遭到了一些人的非议。

某个禁酒委员会的成员造访林肯，要求他将格兰特将军免职。林肯吃了一惊，问："原因何在？""哦，"该委员会发言人说，"因为他喝威士忌喝得太多了。""那好吧，"林肯说，"请你们谁来告诉我，格兰特喝的威士忌的牌子？我想给我的其他将军每人送一桶去。"

林肯何尝不知道酗酒可能误大事，但他更清楚在诸将领中，唯有格兰特将军能够运筹帷幄，是决胜千里的帅才。后来的事实证明格兰特将军的受命正是南北战争的转折点，格兰特打败了南部军队总司令罗伯特。

后来，有人问林肯该报道讲的这则故事是不是准确无误，林肯说："不，我没有这样说过，但这故事不错，几乎永垂不朽。我可以把这个故事追溯到乔治二世跟沃尔夫将军那里去，当某些人向乔治抱怨，说沃尔夫是个疯子时，乔治说，'我希望他把某些人咬了才好！'"

林肯总统用人之长，不看他有什么缺点，而是看他能做什么。如果总是盯着他的缺点看的话，你永远都看不到他的优点和特长。

哈兹立特有句话："偏见是无知的孩子。"说得一点都不错，"人""扁"为偏，人一旦有了偏见，就会把"人"看"扁"、看"偏"了。而且，整天抱着自己偏见的人不会有太大的进步，不会获得成功，还会影响他在其他方面的判断。

每个人都有着自己不同的使命，每个都有自己不同的人生价值，所以我们不能戴着有色眼镜来看待任何人，反之，你不仅仅伤害了别人的自尊，更会将自己的英明毁于一旦。与他人相处时，请拿下自己的有色眼镜，你将会拥有一双明亮而透彻的眼睛。它能帮你透过别人的不足，看到别人的优点，你便不会再因为别人小小的过失而斤斤计较，你便不会再因为以前的一点点摩擦而轻视了朋友间真诚的友谊。

那么我们应该怎么做到不戴有色眼镜看人呢？

（1）正确对待"第一印象"，避免"以貌取人"

我们遇见一个人，就会对他产生印象，这个心理过程叫知觉。而"偏见"产生的最初原因即此，偏见首先来自"第一印象"。很多人在看人的时候总会"以貌取人"，总觉得这个人长得不够好，所以就觉得他也是一个不怎么样的人。不知不觉，偏见就已经形成了。

（2）不要带着自己的情绪来判断别人

当一个人处于积极情绪状态时，在他眼里一切事物都是美好的。可是当你心情极差的时候，可能别人做什么都会惹你心烦，这也是一种偏见。他好不好是客观的，可是如果你加入了主观的考虑，就会有失偏颇。

（3）不要以偏概全

没有一个人是十全十美的，所以对待别人的时候不要只看他的缺点，而忽略了他的优点。缺点越突出的人，其优点也越突出，有高峰必有低谷。看人要全面，这样才能防止偏见的产生。

【情绪调节】

我们往往是凭着主观臆断，戴着"有色眼镜"看人和事，随意猜测，无谓地增加了自己的心理负担，要是我们能取下这副"有色眼镜"实事求是地调查，细心地分析，就可能得到正确的结论，而且我们的生活也会变得更和谐和丰富多彩。

第五章　情绪释放——给负面情绪找一个出口

负面情绪是一座监狱，能禁锢你的思维、想象力和创造力。一个人长期受负面情绪的煎熬，得不到宣泄，心理压力就会大增，甚至产生心灵扭曲。找一个出口，释放负面情绪，幸运之门就会为你开启！

1. 警惕你的负面情绪

负面情绪就像是无处不在的细菌，只要你的抵抗力有一点点下降，它就会乘虚而入，进一步损害你原本就不太健康的情绪。时刻警惕你的负面情绪是为你的情绪做锻炼。只有阻断了负面情绪的入侵，你才能时刻保持一份好心情，一个好状态！

王聪是一个容易生气的人。这天，他在家和妻子因为一件小事吵了几句，最后两个人都带着怒气出门去上班了。

他到公司越想越生气，这明明就是妻子的错，她还有理跟他吵，回去非要好好骂她一顿。他正在生气，经理告诉他，让他去和一个客户签一份重要合同。

他带着合同就往客户的公司赶，到了客户的公司，他们就合同中的一些细节进行商讨。可是在一个细节上，他修改很多次也不能达到客户的要求。王聪越谈越生气，心想今天怎么净遇到一些麻烦的人。最后他终于忍耐不住，朝着客户就吼道："之前不是都谈好了吗？怎么变来变去的！"客户看他这样，什么都没说就走了。

王聪这才意识到自己闯了大祸，公司非常重视这个生意，现在被自己搞砸了。回到公司以后，经理把他叫到办公室，给了他一封解雇信。就这样，他失去了工作！

坏情绪会一直潜伏在你的左右，随时随地跳出来破坏你的正常生活。这种时候就要学会警惕它。就像王聪，他一直放任自己的坏情绪，最后因为这个坏情绪而失去了工作。如果能适当地克制一下自己的愤怒，王聪就不会造成这么严重的后果了。

人时不时思想情绪起波动，或者突然间感到情绪很坏提不起精神，这是很正常的事情。人们在生活中遭受各种打击和挫折，再平常不过。只是怎样应对各种坏情绪的突然袭击，为自己的心灵铸造一堵防火墙，这才是最考验人心智的。

为排解心头烦恼，很多人会想大吃一顿。有的人可以越吃越开心，但是有的人却越吃越愤怒，最后变成暴饮暴食。其实，食物和情绪密切相关，只要吃得对，吃得好，远离坏情绪就在不经意间。

（1）低落

对策：低脂肪、低蛋白、高碳水化合物

一块松饼、一片涂有蜂蜜的面包、一小碗爆米花，它们含有的色氨酸可以进入大脑，产生冲击作用，并且转化成血清素，从而稳定情绪，抑制食欲，并且可以在半小时之内发挥作用，神奇地让你走出情绪死角。

（2）易怒

对策：碳水化合物

碳水化合物能够刺激复合胺的分泌，令人安静，甚至产生睡意。含碳水化合物的食物包括糙米、荞麦、全麦黑面包、甘薯、年糕、大米和意大利面等。

（3）多疑

对策：不要吃得太少，不要长期吃素

有许多人想用节食来达到减肥的目的，殊不知，能量和蛋白质摄取量过低会导致贫血、体力不足，长年吃素则会影响细胞对能量的利用，进一步影响组织神经递质的合成和释放。这些因素都会让你变得疑虑和忧思。

（4）感伤

对策：多补充富含色氨酸和镁的食物

色氨酸能促进睡眠，减少对疼痛的敏感度，缓解偏头痛，缓和焦躁及紧张情绪。糙米、鱼类、肉类、牛奶、香蕉、花生、黑豆、南瓜子仁等含有丰富的色氨酸。

镁元素有稳定情绪的作用，多吃含镁的水果，如香蕉、葡萄、苹果、橙子，都可以让你远离抑郁。

（5）慵懒

对策：血豆腐加青椒

血豆腐含有最易吸收的血红素及铁，再加上青椒富含维生素 C 帮助铁的吸收，两者的配合对于赶走慵懒情绪绝对是事半功倍。

当然，要警惕负面情绪，最重要的就是要懂得自我调节，懂得放下。只有真的控制好了负面情绪，才能更好地为情绪塑造一个健康的环境。

【情绪调节】

人生是一条奔腾向前的河流，河中有险滩有暗礁，触礁之时需冷静对待，遇横逆之时而不慌，遭变故之时而不馁。如何让心情的小船避过这些暗礁，让小船可以为人生带来无限的快乐和幸福？这就需要我们时刻警惕坏情绪！

2. 用宣泄来为自己减压

当人们悲伤和痛苦的时候，总是希望得到别人的帮助与分担，但是在没有合适人选的时候，我们就要学会自我宣泄、自我释放。合理发泄可以减轻心理负担，保证心理健康，同时也是成功控制情绪的表现。要学会用发泄来为我们的心灵打扫卫生，保持心理的清洁。

小王经常与人发生激烈争吵，有时候他被朋友劝住了，但是仍然气愤难平，这种糟糕的坏情绪总是会延续到第二天，最后发泄到家人身上。久而久之，大家都不太喜欢和小王有过多的接触，小王的人缘也越来越差。

后来，大家发现小王变了，他脾气似乎不那么暴躁了，与人吵架之后不再气愤难平，而且也能很快恢复平静。当人们问他原因的时候，小王说："我能变得平静，全依靠《雷电颂》这篇文章。"

"雷！你那轰隆隆的，是你车轮子滚动的声音？你把我载着拖到洞庭湖的边上去，拖到长江的边上去，拖到东海的边上去呀！我要看那滚滚的波涛，我要听那鞺鞺鞳鞳的咆哮，我要漂流到那没有阴谋、没有污秽、没有自私自利的没有人的小岛上去呀！我要和着你，和着你的声音，和着那茫茫的大海，一同跳进那没有边际的没有限制的自由里去！"

原来，小王在生气时就朗诵这样的诗句，顿时感觉心里的不满全被发泄出来了，情绪自然也就平静了。

现代生活中的人们每天要面对各种各样的压力，不论是来自家庭、事业，还是感情、人际关系，如果这些压力一直得不到正确宣泄，就会形成沉重的心理负担，若心理负担还是得不到排解，那么就容易形成抑郁症。小王虽然还没有发展成为抑郁症，但是他糟糕的情绪已经给他的生活造成影响，大家都开始害怕和他接触，最后的结果可想而知。

人对于消极情绪的承受能力是有一定限度的。就像一个人不能总是背着沉重的石头走路，这样不仅会减缓前进的步伐，甚至有一天这块石头会把你死死地压住，让你动弹不得。

一个人想要成功就要懂得轻装上阵，适当地发泄自己内心的积郁，让你的心灵变得轻盈，才能在成功的道路上越走越快，也只有轻盈的心灵才能让你有一份美丽的心境去欣赏沿途迷人的风景。既能获得成功，又能享受成功的过程，这样的人生才是饱满和谐的。而达到这样一个目标就要学会合理发泄。

要怎样发泄内心的不良情绪呢？下面我们就来介绍一些有用的办法。

（1）学会哭泣

现在的人们被告知要坚强，但是坚强并不表示你要忍住泪水。哭是人们感情的自然流露，在传统的观念里，哭就表示软弱，但是无论男人还是女人，在重重的压力下能哭出来是一件好事。哭泣在人们遭到严重的精神创伤，陷入可怕的绝望和忧虑时是一剂良药。

激动时候的眼泪带有应激激素，而且蛋白质含量非常高，这种蛋白质是对身体有害的物质，所以就算哭泣会让你难堪，但糟糕的情绪已经损害了你的健康，而哭泣则可以把那些有害物质排出体外，减少压力对身体的危害。

（2）喊出你的压力

很多时候不正确的发泄方法会让你承受不良后果，所以找到一个合适的地方来喊叫可以帮助你释放压力。

喊叫法就是通过急促、强烈、粗犷、无拘无束的喊叫，将内心的积郁发泄出来，从而平衡精神状态和心理状态。

如果你觉得自己不能适应喊叫这种方法，那么唱歌、朗诵都是不错的办法。案例中的小王就是通过朗诵来发泄自己的愤怒。这些方法可以尽情宣泄你内心的不满和压力，同时你在一个空旷的地方发泄又不会影响到他人。

（3）找到合适的出气筒

任何人都不希望变成别人的出气筒，但是在饱受不良情绪困扰的时候你就需要一个出气筒。

你可以把所有的不满和怨恨都写在纸上，然后撕了它，让你的烦恼随着火焰变成灰烬，不要记起它，接下来就会一切恢复如常。如果觉得写在纸上还是不解恨的话，你可以跑到一个没人的地方，把一切气话完完全全地说出来，甚至可以狠毒一点。这样你心中的压抑情绪自然会释放出来，你也就会变得轻松起来。

【情绪调节】

压力得到宣泄会让你整个人轻松起来，也能让你看起来和蔼可亲。宣泄压力不能一味地哭泣、叫骂、反击，这样只会让事情更加糟糕。选择一种适合你的宣泄方式，就能让你活得更加轻松愉快。

3. 吵架也能解决问题

人在一生中不可避免地会遇到与他人争吵的情况，恰到好处的争吵也是一门艺术，是生活的一部分。不管是你主动去吵还是被动去吵，争吵都是你情绪的一种表现。如果你能学会如何驾驭争吵的技巧，那么，吵架也能为你解决问题。

李铮是一个闷葫芦，而他的老婆小薇却是一个急性子。每次老婆生气和他吵架的时候，他就默默地走开，不跟老婆吵。别人都说小薇好福气啊，遇到这么一个好老公，吵架都让着她。可是小薇并不这样觉得……

小薇每次只要说话声音大了一点，李铮就闭上嘴。最后小薇着急了，就冲着李铮嚷道："你好歹也和我吵一下啊，每次你都这样，我是和空气过日子啊！"而李铮还是不说话。

慢慢地，小薇也没有欲望再和李铮吵了，不仅如此，她甚至连话都不想和他说了。每天回家，他们都安静地吃了饭，然后各做各的事。有时李铮和小薇说几句话，一听小薇口气不好，他就又不说话了。

没过多久，小薇就向李铮提出了离婚。李铮不明白自己做错了什么，当他问小薇为什么要离婚的时候，小薇说："两个人的日子就是要在吵吵闹闹中度过，可是你连和我吵架都不愿意，我怎么能指望和你过一辈子呢？"

李铮这才知道问题出在自己身上，他说："亲爱的，不是这样的，我以前认为吵架只会伤感情，所以我不愿和你吵架。现在我才知道，夫妻俩吵架是把各自心里的话说出来，这样两个人才能长久。你再给我一次机会，以后我不会再这样了。"

小薇摇摇头，说："算了，我们真的不适合。"最终，他们还是离婚了。

很多时候，一味地沉默并不能解决问题，吵架有时也是一种表达，如果李铮早一点明白这个道理，就不会弄得以离婚收场。

吵架有很多功能，其中之一是宣泄。当心里积累了一定的负面情绪时，吵架也是一种沟通，这种沟通更具冲击力。吵架是冲动的，没有这样的冲动就没有吵架，所以，吵架也是一种激情，激情是改变的前提。

吵架是生活中的常见现象，因为吵架可以释放压抑不了的冲动，所以人们对吵架是持容忍和理解态度的。

俗话说"吵架没好话"，这是对吵架时说的过火的话的理解。但是吵架时说的却绝对是真话，话可能过火，那意思却是真实的。因此，吵架的积极意义就是了解对方真实的感受，使自己做出主动的决定，来维护已经发生问题的关系。

吵架是表达意见的非理性常规武器，其调整情绪的积极功能是存在的。所以，把握好吵架的分寸，就变成了一门学问。

（1）公平地争吵

每个人心里都有一条界线，对人的攻击不能超越这条界线，否则会让矛盾激化，越吵问题越大。吵架的同时也要注意保护对方的心灵，不要对别人的心灵造成伤害，这样才能保证吵架的公平性。

（2）诚恳地争吵

如果总是抱着我是一个强者的态度，用粗暴的方法把弱者吓住，那这样的争吵永远不会有好结果。在善意的争吵中根本不存在胜利者和战败者。

（3）不要为私生活争吵

私生活不是用来争吵的，私生活是他人的私隐，总是喜欢揭人疮疤的人是不会得到尊重的。如果面对的问题必须是私生活，那么在语言上就要十分小心，不要伤害到他人。

（4）有目标地争吵

每一次争吵都应该有一个目标，也就是说要解决特定的问题。一切都应该围绕这一目标进行。在争吵中即使达不到统一，也一定要表明自己的观点。

千万不要东拉西扯，最后变成口水战。

（5）持现实的态度

为陈年旧账吵架是没有任何意义的。善意争吵的起因永远是现实的问题，是当时、当地发生的问题。过去的事情就算你吵一千次也不会有任何改变。

【情绪调节】

即使在争吵的时候也要明白自己是为了什么而吵，漫无目的的争吵只会让事情越变越糟。我们应该时刻记住，争吵的最终目的是更好地解决问题，是提醒别人也提醒自己这些问题的存在。而当你达到这个目的时，争吵也应该停止了。

4. 诚恳地体验不良情绪

对坏情绪的体验使我们认识到什么才是人生中真正重要的，因此诚恳地体验坏情绪，把这些坏情绪变成人生的财富吧！

一个男孩，工作很不顺利，常被人批评，他没学会应对这种批评，也不愿意去直面自己的失败，于是他想逃避，他把工作不顺利的细节和别人批评他的刺耳语言全忘了，但就算忘记了刺耳的语言，他还是没有办法把自己内心的坏情绪忘记，他还是觉得郁闷、失望、消极。

于是，以前从不梦游的他开始了梦游，先是突然从床上坐起来，说一些发泄性的话，接着会在宿舍里晃悠，盯着宿舍里的工友看，把他们吓得半死。

意识上，他努力忘记这些不愉快的事，努力压制自己的愤怒，但梦游状态表明，这些事并未忘记，他的愤怒也并未消失。

有一天，他又因为一点小事被上司说了几句，他一下爆发了，他把所有的不满都发泄在了上司身上，他大声地骂上司，还拿起桌子上的东西朝上司砸过去。还好上司躲开了，这个时候大家进来把男孩拉走了。当然，他最后也被公司辞退了。

事后，男孩很后悔，他总说："要是能够在见上司之前来一场演习，让我知道怎么合理地发泄怒气，就不会造成今天这种局面。"

男孩一味逃避坏情绪的做法并没有让一切变好，而是造成了后期的爆发，也因为这样，他失去了机会，却也因此明白了体验坏情绪的意义。每一次体验不一样的坏情绪其实都是一种学习，因此我们要在体验的过程中学习处理的办法。

很多时候人们似乎对坏情绪深恶痛绝，但其实坏情绪并不是一无是处，它能为你的生活提供某种经验。就像案例中的男孩一样，因为没有体验过，所以总是不知道问题出在什么地方。很多东西都是需要自己认真体会一下才能明白，才能找出问题所在。

什么事情都有好坏两个方面，坏情绪也是一样。不要因为自己愤怒了就自责，有时候愤怒也是在发泄；也不要因为自己哭泣而认为自己就是一个懦弱的人；更不要因为自己得意就觉得自己是一个骄傲的人。每一种情感都需要我们认真地体会、感悟。只有这样你的人生才是饱满的。

有了坏情绪不要紧，诚恳地体验一下，然后想办法去对付它，所谓"知己知彼，百战百胜"就是这个道理。了解清楚了，自然能游刃有余地战胜不良情绪。

人生就像是天气，不只需要晴空万里，还需要雷电交加，这样的天空才有意义和内涵。那么体验不良情绪到底有什么好处呢？

（1）提高对坏情绪的警惕性

有时候坏情绪来得很突然，会让你觉得不知所措，但是体验过这些坏情绪的人自然就知道要怎么做才能把这种坏情绪带来的伤害降到最低。有过一次经历自然就懂得怎么处理。

（2）更加了解自己

坏情绪为我们提供了一个好机会来了解另一种情况下的自己。有时候大家都在伪装自己，久而久之就不能看清真实的自己。发一次脾气、哭一场就会发现，其实自己还有这么脆弱的一面。

（3）帮助你更好地处理人际关系

很多时候，自己会在毫不知情的情况下就得罪了别人，自己却还不知道发生了什么事。但是如果自己体验过这种糟糕的情绪，就能够更理解别人的感受，在待人处事的时候就更懂得为他人着想。

（4）让自己更加坚强

小树在风雨中成长，而人则要在挫折和磨难中成长。我们就像是小树一样，需要坏情绪来给我们考验，这样才能长得更加笔直。

【情绪调节】

坏情绪为我们提供一种生存的经历，并让我们在这种经历中获得智慧，这才是体验坏情绪最大的意义所在。人生中每一次成功都不是轻而易举的，只有经过坏情绪的磨炼，我们才能不断强大内心，最终获得足够的力量来追逐成功。

5. 别压抑自己的真实想法

有的人总是知道自己下一步要做什么，该怎么去做，但很多时候内心却并不希望自己这样做，但是为了达成目标就拼命压抑自己真实的想法，扼杀自己的情感。其实心理学研究表明，情绪需要的是疏导，而不是拼命地压制！

一个男孩来自农村，家境并不是很好。他爱上了一个女孩，这个女孩家境殷实是开公司的，每次回家都有专车接送。虽然两个人经常一起去图书馆看书、学习，但是男孩从来没有和女孩说过一句他对女孩的情意。

突然有一天，女孩告诉男孩，她父母要送她出国。男孩回宿舍后一晚上没有睡，他很想告诉女孩他喜欢她，但是每次要下定决心的时候，他又会感到自卑。他始终觉得自己只是一个什么都没有的穷学生，女孩一定不会喜欢他的。最后他还是没有说出口。

很多年过去了，他拥有了自己的事业，但他时常感到后悔，为什么当时不问一问女孩的想法呢？

终于他们在同学聚会上再次相遇，她已经嫁为人妻。他本来想和她说出自己的真实感情，可是想到她已经是别人的妻子了，他又压制住这种冲动。

一年以后，他从一个同学那里听说，她其实一直都喜欢着他，只是他从来都不表示什么，结果错过了幸福。而上次聚会时，她已经在和老公办理离婚手续了。但她看他还是什么都不说，最后她又默默地走了。

听完这些，他后悔不已，责怪自己为什么不勇敢地说出自己的想法。其实，说出自己的心声，不但遗憾不会那么多，而且内心深处也就不会有那么多压抑的感觉了。

很多人都会像这个男孩一样，一直压抑着自己的想法，最后让幸福就这样离自己远去了。其实勇敢地说出自己的感情和想法很简单，只是我们总是把结果想得很严重，于是畏首畏尾，弄得原本属于自己的幸福就这样溜走了。

生活好像剧本一样，现实中的每个人都是剧本里的角色。很多人缺乏表达自己情绪的力量，怕自己的表达会引起别人的不满，会招来别人的厌恶，其实没有那么可怕。试着对自己坦诚，对别人的坦诚，压抑自己不仅难受，还会让人觉得你是一个毫无主见的人。

纵观世界上各行各业成功人士的经历，不难发现他们成功的要诀在于他们拥有充分的自知之明。也就是认识自己之后，不断改造自己，才能逐步走向成功之路。最重要的是，他们懂得聆听自己内心真实的想法，顺从内心的指引，不受名利的驱使！只有认识自己了，才能听到自己内心的真正声音，然后顺着声音的指引走向成功的大门。

不敢说出自己真实想法的人是懦弱的，那么要怎样才能顺利地表达自己的真实想法呢？

（1）多鼓励自己

有时候不敢表达自己的想法只是因为对自己没有信心，害怕面对别人的质疑。这个时候就多鼓励鼓励自己，让自己可以有一个动力，勇敢地说出真实的想法。

（2）真诚地与对方交流

如果你所表达的想法是诚恳的、善意的，会对对方有好的导向作用，那么就真诚地去表达，要相信对方不会介意的。

（3）要学会赞美与肯定别人

任何人面对赞美和肯定都会感到愉悦，所以在你说出自己真实想法的时候，就要先肯定别人，这样既能缓和气氛，又能让别人容易接受你的想法。

（4）拒绝也是一门学问

如果想要拒绝别人，可以肯定而婉转地告诉他很抱歉，如果对方还是不明白，那么就直率地告诉他吧。但是切记，无论说什么话都要顾及到他人的心理感受，即使是再开朗的人，内心也是容易被伤害到的。

（5）让自己的想法变得完整

很多时候你的想法只是一瞬间的一个念头，这个时候说出来别人就会觉得不够成熟。所以在说之前，你可以把想法思考得更全面和完整一点，这样也更容易说服别人。

【情绪调节】

每个人都是无可替代的，是最有个性的，所以我们都要遵循自己内心最真实的想法，做一个真实的自己。成功对每一个人来说都是独一无二的，而自己真实的想法则是你成功路上最宝贵的财富。展示出自己真实的想法，取得更多的了解和尊重，自然会让更多的人喜欢你、信赖你。

6. 丢掉情感垃圾

每个人都因为压制情感的宣泄而产生大量的情感垃圾，这些垃圾每天都在不断滋生。而我们应该像垃圾桶一样分类处理，才能化解情绪对生活的负面影响。为自己制造一个情感垃圾站，适当地丢掉一些情感垃圾，才能让情感垃圾的处理链循环起来，让自己的身心轻装上阵。

一对夫妇结婚没多久，丈夫就有了外遇，妻子痛不欲生，但因为还是深爱着丈夫，于是原谅了丈夫，而且丈夫也表示要痛改前非。

　　夫妻俩平平静静地过了一年，妻子怀孕了，生了一个可爱的小宝宝。此后她发现丈夫每次接电话都神神秘秘地跑到一边去说话，这让她想到了一年前丈夫的外遇，她觉得一定是丈夫有问题了，不然为什么每次都神神秘秘的。

　　于是她趁丈夫洗澡的时候偷偷地翻他的短信和电话，除了几个没有名字的电话号码以外也没什么特别的，但她就是不放心。最后她忍不住和丈夫大吵大闹，她质问丈夫为什么要偷偷地接电话，是不是哪个女人打来的？

　　丈夫这才恍然大悟，说："每次我出去接电话的时候你注意到了吗？都是我们宝宝睡得很香的时候，我怕说话太大声会把他吵醒，再加上你身体不好，所以我希望你多休息，不要被我吵到。"妻子听了，泪流满面。丈夫抱着一直哭泣的妻子说："我知道以前是我不好，但是我希望你可以忘记那些事，把我们之间的那些恶心的情感垃圾都清除了，相信我，我不会再那样了。"妻子点点头，这次她真的可以把心里的那些垃圾清除了。

　　其实，像前面故事中的妻子一样，一个人想拥有快乐的心境，想要获得成就，就要学会清除情绪垃圾，下意识地为心灵松绑，给心情做一个深呼吸。把心里的垃圾情绪赶走，你才能专心去做事。否则，别人根本就没有办法来帮助你，而你成功的梦想也只能"胎死腹中"。

　　心里负担的情绪若太多，就会积重难返。你的心里积攒了太多的情感垃圾以后，你的心灵就会变得杂乱、沉重，这样不利于你的成功与成长。一个真正成熟、有深度的人总是能感受到快乐与轻松，而一个背负太多情感垃圾的人，就会步履维艰。

　　在这种时候就要学着把自己的心打扫一下，扔掉那些已经成为垃圾的情感，这样才能为心灵创造一个舒适的环境。只有在干净舒适的环境中我们才能健康、快乐地生活。要知道，情绪是我们身体和生活中至关重要的一部分，让它干净、自然、整洁是每个人的责任。

每个人都会为自己居住的房间进行打扫和装饰，那么心灵的大扫除要怎样来进行呢？

（1）真正地解决问题

很多负面的情绪都是来自生活中的一些问题，比如工作不顺利、丈夫的欺骗、朋友的背叛等。这些负面情绪长久堆积，或是当时处理得不够好，就会形成情感垃圾，等下次再遇到的时候就会更加难过。所以只有你把问题彻底解决了，以后再次提及这件事的时候，你才能够从容面对。

（2）定期检查自己的情感

身体需要做定期检查，情绪也需要。只有检查的时候才能发现垃圾，也才能清除垃圾。检查的时候要注意那些消极的、绝望的、愤怒的情绪在什么情况下出现，如果是因为以前的问题而一再难过，那就快点把它清除了吧！

（3）主动示好

过去的事情无论谁对谁错，这都不是最重要的，只要你能够主动示好，让自己大度宽容一些，相信那些垃圾一定能够被永久清除。

【情绪调节】

有些人喜欢把坏心情收藏在心底，久而久之这些坏情绪就变成了情感垃圾，这些"情感垃圾"既侵占感情空间，又污染感情环境，还影响自身成长，严重的还会引发心理疾病。何不定时为自己的心灵做大扫除，时刻保持心灵的干净整洁呢？

第六章　情绪选择——让积极成为你性格的一部分

犹太心理学专家弗兰克说："在任何极端恶劣的环境里，人们还会拥有一种最后的自由，那就是选择自己态度的自由。"一个拥有智慧的人，不仅要明白"应该做什么"，还要明白"不应该做什么"。

面对同样一件事，有的人郁郁寡欢，有的人积极乐观，这种差别在很大程度上来源于自己的选择。也就是说，你选择以哪种态度去面对，就会有哪种情绪状态。积极总比消极好，方法总比问题多，要知道，这个世界上没有迈不过的坎，只有不肯快乐的心。

1. 任何时候都看到希望

阿米尔曾经说过：生活失去了希望，就不再是生活，它真正的名字就该是磨难。人的一生要经历很多磨难，如果懂得怀抱希望，那么任何磨难都会变得微不足道。而放弃希望的人就像是为自己的生活判下死刑，人生便失去了全部的意义。

一艘轮船不幸在茫茫大海中沉没，大副带着幸存的9名水手跳上了救生艇，在海面上漫无目的地漂流。一个星期过去了，大家依然看不到一丝获救的希望。大副守护着仅存的半壶水，不许那9个人碰它一下——有了水就有了活下去的希望，否则，大家就再也难以撑下去了。

大副是救生艇上唯一带枪的人，他用枪口对着那9个随时都可能疯狂地冲上来抢水的水手，任凭他们对着自己咒骂咆哮。在这9个人当中，最凶悍的是一个秃顶的家伙，他凶狠地盯着大副，用他那沙哑的嗓子奚落他道："你为什么还不认输？你无法坚持下去了！"说着，他猛地蹿上来，伸手去抢水壶。大副毫不客气地用枪对准了他的胸膛。秃顶叹了一口气，乖乖地坐下了。

为了保护这半壶维系着所有人生命希望的淡水，大副已是两天两夜没有合眼了，他不断地告诉自己一定要挺住，虽然还是不断地有人想要冲上来抢走那半壶水，但却总是被大副手里的枪制止。

后来，他们终于等来一艘救援的船。令救援者万分震惊的是，虽然这10个人干渴得唇上裂着血口，但大副的手里却握着淡水壶。前来援救的船长从大副紧握的手中接过淡水壶，摇了摇，一种细细的沙沙声通过壶壁传来。船长小心翼翼地拧开盖子，一股细沙从壶里滑落。

可以想象，没有那半壶"水"，恐怕没有人能够挺过难关。在那样的紧急关头大副明白除了让大家心存希望，没有别的方法能够生还。如果告诉大家淡水已经没有了，无疑是在向大家宣布只有死路一条，而只有让大家看到还有那半壶"水"，才能看到生的希望。结果正是这种希望和信念拯救了他们的生命。

希望是黑暗中的明灯，是寒冬的阳光，是一切怯懦和失败的克星。任何时候都不要放弃希望，只要还有梦想，只要仍存期待，只要不放弃努力，人生就会有很多机会和幸运等待着你，给你一个大大的惊喜，让你无限地享受人生的乐趣。如果把人生比作杠杆，希望就是它的"支点"，具备这个恰当的支点，才可能成为一个强而有力的生命体。

希望能够带来的是焦躁不安的等待之后如愿以偿的一缕闪亮，是成竹在胸的顾盼之后意想不到的一个回眸，是艰辛劳作之后不期而遇的一盒香甜蛋糕。

也许，由于我们思想的松懈或行动的迟缓会使我们错失成功的机缘；也许，由于我们过分迷信机遇而忽略了那份一度引领我们努力的希望。有时，面对成功，我们不曾看到希望曾经如何使我们心潮澎湃，激情涌动；有时，我们还没来得及为昨天的过错感到遗憾，希望又将新的一天送到了我们的面前。生活总是把我们迎进幸福的大门，让希望送来一缕一缕温暖的阳光！

希望是生活的彩笔，只有充满了希望，生活才能多彩。那么要怎么做才能让生活随时都有希望的指引呢？

（1）定下目标

希望总是与实现目标相联系的，所以如何设定目标就成为开发希望潜能的第一步。合理的目标设置会影响你的动机、水平、努力和坚持不懈的程度，也会影响你为实现目标而寻找创造性途径的意愿和能力。

（2）把目标变得有弹性

弹性目标可以激发你的兴奋感和探索精神，却又没有困难到你完全无法实现。所以在设置目标的时候要注意各种影响目标实现的因素，根据自己的实际情况来制定，而且个人所处的环境不一样，所以目标可以变化。有能力的时候多做一点，没时间的时候少做一点，不要把自己逼得太紧了。

（3）一步一步来

要想实现充满希望的目标，分步前进是一个必不可少的方式。在分步前进的过程中，困难的、长期的，甚至看似无法完成的目标被分解成更小的、更容易实现的一个个"里程碑"。通过不断建立小的"里程碑"，逐渐向最终目标靠近。这种逐步实现目标的过程，能够让你增加实现目标的信心和勇气，也能让你有机会验证最初设计的通向目标的途径是否正确，从而为成功地迎接下一个挑战夯实基础。

（4）找到志同道合的人一起上路

实现目标的过程可能是漫长而又痛苦的，需要付出很多努力，也会遇到很多困难，如果孤军奋战，可能很快就会把自己的斗志和毅力消耗殆尽。可以寻找一些和你有相似目标的人组成团队，大家在遇到相似困难时可以彼此支持，共同寻找其他解决途径。如果你找不到有相似目标的人，也没关系，别忘了你还有家人和朋友。

【情绪调节】

人生百年转瞬尽，坎坷、挫折、失误、不幸常常冷不丁闯进我们的生活，让我们痛苦、流泪、倦怠。我们从此就远离了风平浪静，如同急流跌落险滩，航船遭遇暗礁，雄鹰卷进长风……造化总会以劫难考验我们的意志，唯一的应对方法就是让人生充满希望。

2. 把快乐的心态装在口袋里

快乐，是个满世界讨人喜欢的甜蜜幽灵，也是让人为之终生苦苦追求的蓝色幽灵，更是让人为之痴迷且癫狂的妖魔幽灵。快乐幽灵并不神秘稀缺，它们成群结队，无时无刻不在人间游荡，犹如雨后的阳光洒满大地。要发现、拥有它们，就要学会把快乐的心态放在口袋里，时刻伴随着你。

一个62岁的老太太，带着83岁的老母亲去旅游。两个都上了年纪的人，去深圳游览"世界之窗"。

这个在我们看来很普通的老太太，不过是一个退了休的职工，闲时扭扭秧歌、跳跳舞、看看报、读读书。但她从来不把自己当成老人，她和孙子一起唱周杰伦的《双截棍》，她和老伴一起驾车去旅行，看到自己落后了就去学电脑。人家问她的年龄，她总是笑着说："26岁。"其实，她是62岁。

她说："为什么不快乐呢？快乐是一种生活的态度。"

重要的是，快乐还是一种资源，她感染着全家人，使他们安详和幸福地生活着，八十多岁的老母亲也跟她学会了跳舞。老母亲说："我还没有坐过飞机呢。我想去南方看看。"

她听了，二话没说就去订飞机票。在她看来，能让家人和自己开心就是一笔财富，如果一个人不能开开心心地生活，活得再长也是痛苦。

是的，心就是快乐的根，因为快乐不在别处，就在你的心中。幸福不是别人给的，幸福的人生，存在于一颗快乐的心中。在物质匮乏的时代，人们也许辛苦，但心态好的人会说："我很充实，我感觉快乐且满足。"生活中的困难与挑战在所难免，只有以乐观奋进的态度方可化解一切坎坷。

追求快乐，是人类与生俱来的天性与原始本能。快乐是健康的金钥匙，人处世间，理应追求快乐。懂得快乐、善于让自己快乐是一种智慧、一种气度、一种气魄。快乐不需要理由，快乐是一种感觉，是你心里的一种念头，它不记阴，不记雨，只记晴天。快乐是自己播种的，不是乞求的，不是别人给予的。一个人快乐不快乐，通常不是客观环境的优劣决定的，而是由自己的心态、情绪等因素决定的。同样一件事，有人感到快乐，有人感到苦恼，这完全是心境的不同使然。

很多人身无分文时不快乐，腰缠万贯后也不快乐；被人使唤时不快乐，使唤别人后仍然不快乐；当学生时不快乐，打工挣钱后还是不快乐；在国内不快乐，折腾到国外后同样不快乐。这些人开始迷惑，到底快乐在哪？怎样才能真正地快乐？其实不是你真的太悲惨，太不如意，而是没有把快乐放进口袋，带着快乐生活。

要拥有快乐，就要懂舍得，有舍才有得，那么我们要放弃什么才能得到快乐呢？

（1）放下压力

压力来自自己的心态。心灵的房间，不打扫就会落满灰尘。蒙尘的心，会变得灰暗和迷茫。心里的事情一多，就会变得杂乱无序，然后心也跟着乱起来，压力也越来越大。有些痛苦的情绪和不愉快的记忆，如果充斥在心里，就像人的高血压一样，会使人萎靡不振，头昏脑涨。所以，给压力找一个出口，放下不必要的负担，才能拥有良好的心境，收获快乐的心情。

（2）放下烦恼

快乐其实很简单，学会平静地接受现实，学会对自己说声顺其自然，学会坦然地面对厄运，学会积极地看待人生，学会凡事都往好处想，放下一切烦恼。这样，阳光就会流进心里，驱走恐惧，驱走黑暗，驱走所有的阴霾，快乐就会来到你的身边。

（3）放下自卑

不是每个人都可以成为伟人，但每个人都可以把自卑从自己的字典里删去。树立自信，有了自信就会自强。强大的内心，能够稀释一切痛苦和哀愁，有效弥补你外在的不足。

（4）放下懒惰

天才来自勤奋，奋斗改变命运。所以要记住，只有勤奋，放下懒惰，才能逐渐成为上进的人，快乐的人。不要一味地羡慕人家完美的生活和事业，其实每个人在一个平台上，都可以通过勤奋工作和辛苦努力，到达自己理想的彼岸，拥有自己想要的一切。

（5）放下消极

如果你想成为一个成功的人，那么最好为自己加油，让积极打败消极，让高尚打败鄙陋，让真诚打败虚伪，让宽容打败偏狭，让快乐打败忧郁，让勤奋打败懒惰，让坚强打败脆弱，让伟大打败猥琐……只要你积极进取，完全可以一辈子都做最好的自己。

（6）放下抱怨

人生与其抱怨，不如努力，所有的失败都是在为成功做准备。抱怨和泄气，只能阻碍自己走向成功的未来。放下抱怨，心平气和地接受失败，无疑是智者的姿态。抱怨无法改变现状，拼搏才能带来希望。

（7）放下犹豫

认准了的事情，不要优柔寡断，选准一个方向，就只管上路，不要回头。机遇就像闪电，只有快速果断才能将它捕获。立即行动，成功无限！有些事情是不能等待的，一时的犹豫，留下的将是永远的遗憾！

（8）放下狭隘

心底无私天地宽。宽容是一种美德，孔子说过"以德报怨"，宽容别人，其实也是给自己的心灵让路。只有在宽容的世界里才能奏出和谐的生命之歌！

【情绪调节】

保持快乐的心态是一种习惯，每一次在路上遇到的磨难都能被快乐的心态化解。这是对自己内心的一种维护，也是为自己铸造一座心灵的守护城池，让快乐永远包围着你。积极地保持着快乐的心态，幸福的生活才会离你越来越近。

3. 凡事心存感激

心存感激，是一种澄明的心境，它令人虚怀若谷；心存感激，是一种人性光辉的纯美，它令我们贴近自然与群体；心存感激，是和平与友爱的馥郁，它令天地充满芬芳。感激是发现美的眼睛，是积极乐观的心灵追求，更是人性的美好之所在。

感恩节期间，一位先生垂头丧气来到教堂，对牧师诉苦："都说感恩节要对上帝献上自己的感谢之心，如今我一无所有，甚至连一份工作都找不到，我没什么可感谢的了！"

牧师问他："你真的一无所有吗？上帝是仁慈的，神依然爱你。这样吧，我给你一张纸，一支笔，你把我问你答的内容记录下来，好吗？"

牧师问他："你有太太吗？"

他回答："我有太太，她不因我的困苦而离开我，她还爱着我。相比之下，我的愧疚也更深了。"

牧师问他："你有孩子吗？"

他回答："我有孩子，有5个可爱的孩子。虽然我不能让他们吃最好的，受最好的教育，但孩子们很争气。"

牧师问他："你胃口好吗？"

他回答："呵，我的胃口好极了，由于没什么钱，我不能最大限度地满足我的胃口，常常只吃七成饱。"

牧师问他："你睡眠好吗？"

他回答："睡眠？呵呵，我的睡眠棒极了，一沾枕头就睡熟了。"

牧师问他："你有朋友吗？"

他回答："我有朋友，因为我失业了，他们不时地给予我帮助！而我无法回报他们。"

牧师问他："你视力好吗？"

他忽然沉默了很久，然后大笑。他兴奋地对牧师喊道："我还有很多，我应该感谢的，对！我应该感谢，感谢上帝啊……"他一边说一边往外走。

后来他带着感恩的心，精神也振奋了不少，并找到了一份很好的工作。

一个人无论过得多么不好，只要懂得感恩，就一定能在困境中发现美好和温暖。当你觉得这个世界是如此不公平的时候，像牧师问这个人一样问问自己："你有亲人吗？你有朋友吗？你有健康的身体吗？"生活中充满了值得我们感恩的东西，不要总是抱怨生活。抱着感恩的态度，你能活得更加积极快乐。

对生命、对生活、对大自然、对一切美好的事物心存感激，灵魂便会不断得到净化。生命的产生和存在本身就让我们感动不已，不要再忽视我们已经拥有的幸福，不应该为了求不得而难过，应该学会用珍惜的心态来对待生活。一颗感激的心可以让我们学会珍惜，学会知足，从而得到快乐和幸福。

对生活心存感激，你就不会有太多的抱怨，不会有太多的不如意，反而会更加珍惜你所拥有的一切。世上没有十全十美的事物，比抱怨更为重要的是自己为改变这一切做了哪些努力。我们必须健康快乐地活着，这虽然平凡，可对于那些重病将死的人来说该是多么珍贵啊！

对所有的人或事心存感激，可使你成就一生的辉煌。只有我们心存感激，才会在经历了漫漫长夜的痛苦煎熬之后因黎明的到来而热泪盈眶，因傍晚天际那抹绚丽的霞光而心潮澎湃，因春天里的一场绵绵细雨而心动不已，因冬日里的一场大雪而放飞思绪。于是，我们眼里便多了许多美丽，仰观蓝天白云，品味云卷云舒，多了情致；抚弄闲花碎草，静看花开花谢，更多了诗意；看高山流水皆有神韵，望草长莺飞顿生情趣。

（1）感谢所有曾经有助于自己的人

感谢生我们的父母，感谢呕心沥血、精心培养教育我们的师长，感谢同我们休戚与共、相濡以沫的伴侣，感谢给我们带来无穷快乐和无限希望的孩子。

（2）感谢一切带给我们愉悦的美好事物

感谢春天里的姹紫嫣红，秋天里的硕果累累，冬天里的每一缕阳光，夏日里的每一阵清风。看庭前花开花落，观天上云卷云舒，我们应该感谢；听风声雨声、鸟啼蝉鸣，我们也应该感谢。

（3）感谢曾经为难甚至伤害过我们的人

感激伤害过你的人，因为他磨炼了你的心态；感激绊倒过你的人，因为他强化了你的双腿；感激欺骗你的人，因为他增进了你的智慧；感激蔑视你的人，因为他唤醒了你的自尊。这是一种不同凡响的精神境界，我们可能一时做不到，但我们可以试着或学着去做。

感恩是一种积极向上的心态，也是一个人能够获得快乐的源泉。也许有太多的人伤害了你，但是不要忘记，也有太多的人帮助过你，这些温暖的东西才是你生命的重点。

【情绪调节】

感恩，很多时候其实是一种生活态度，是一种善于发现美、欣赏美的道德情操。学会欣赏，凡事感激，就能使荣辱、恩怨、名利、得失化作烟云随风而去，就能使我们气定神闲，洒脱如云。

4. 变被动为主动

主动积极的程度决定着一个人是否具有获得成功的可能。那些成就大事的人和平庸的人之间最大的区别就在于，成功的人总是能够主动做事，并愿意为自己的一切行为负责，但是平庸的人却一直在等待，最后机会溜走了也不知道。

有个叫塞尔玛的女人，陪丈夫驻扎在一个沙漠的陆军基地里。她常常一个人留在陆军的小铁房子里，天气炎热，没人聊天，而当地的土著居民也不懂英语。她非常难过，于是写信给父亲，说要丢开一切回家去。她父亲的回信只有两行，却完全改变了她的生活：

"两个人从牢房的铁窗望出去：

一个看到泥土，一个却看到了星星。"

塞尔玛一再地读这封信，感到非常惭愧，决定要在沙漠中寻找星星。于是她开始和当地人交朋友。他们的反应使塞尔玛非常惊奇：她对他们的纺织品、陶器表示感兴趣，他们就把最喜欢但舍不得卖给观光客人的纺织品和陶器送给了她。

在那里，她还研究仙人掌和各种沙漠植物、动物，观看沙漠日出，研究海螺壳，发现这些海螺壳是十几万年前这沙漠还是海洋时留下来的……原来难以忍受的环境变成了令人兴奋、流连忘返的奇景。

一念之差，塞尔玛把原来认为恶劣的情况变成了一生中最有意义的冒险，并为此写了一本书——《快乐的城堡》，而且出版了。她从自己的"牢房"里看出去，终于看到了"星星"。

　　主动做事，首先要从心态开始，只有心态积极了，才能让行动积极。而积极的心态也是指导我们发现美、发现生活意义的眼睛。塞尔玛从主动中发现了美，发现了快乐，最后收获了成功。

　　著名钢铁大王卡耐基曾经说过："有两种人决不会成大器，一种是除非别人要他做，否则他是绝不主动做事的人；另一种人是即使别人要他做，也做不好事情的人。"

　　主动是一种态度，代表着一种行动力。主动地思考、积极地行动，都会让人在接触事物的同时扩大主观的认知视野，所谓举一反三、触类旁通、顺藤摸瓜其实都是主动思维的另一种诠释或证明。

　　主动的人能接触到更多的信息与资源，这对提高处事的灵活性、成功性都大有帮助。同时主动的思维会带来积极的行动，行为上的主动会引起良好的外界反馈，从而进一步刺激大脑的神经细胞，产生更积极的思维活动。这样一种良性循环，能让人在处理好事情的同时，最大限度地发挥自身的价值，体会到一种安全感、价值感、幸福感。

　　主动是种精神，反映在人的思维、行动以及整体的气质面貌上，它拓宽人的思维，最大限度地促进人的潜能开发。不像消极的人，无论做什么都是被动的，那种被外物牵着鼻子走的生活方式终会消磨人的意志，抑制才能的发挥，生活也会跟着变得越来越糟。

　　有的人天生就会主动做事，但是主动却不是什么天赋，更不是高不可攀的，要由被动变主动，其实有很多方法。

　　（1）拥有积极的态度，乐观面对人生

　　如果你拥有积极的态度，那么你就能乐观地、富有创造力地把每天遇到的事转换成正面的能源和动力；如果你的态度是消极的，你就会显得悲观、软弱、缺乏安全感。消极的人允许或期望环境控制自己，喜欢一切听从别人安排，因而在这样的情况下，他不可能拥有控制自己命运的能力，也无法避免失败的厄运。积极的态度肯定会改变一个人的生活方式，但并不能保证他每件事都心想事成，但是，坚持消极的态度却让人必败无疑。

（2）命运掌握在自己手中

凡事都要想清楚，什么是自己不能改变必须接受的，什么是自己可以选择的，什么是自己必须勇敢挑战的。当你碰到不可改变的事情时，要勇敢地接受它，不要把时间浪费在悔恨、羡慕和嫉妒上。你应该做的事是积极主动地抓住命运中你可以选择、可以改变、可以最大化你的影响力的部分。

（3）只有不断尝试才有机会恭候你

积极尝试是学习最好的方法。不要因为暂时不了解自己的长处而犹疑不决，积极行动起来吧！你会发现自己的才华和天赋。珍惜每一次尝试，因为机遇往往不可复制，要随时做好准备，以免机遇到来时失之交臂，同时也应学会从每一个失去的机遇中吸取教训。

（4）把机会争取过来

只有积极主动的人才能在瞬息万变的竞争环境中赢得成功，只有善于展示自己的人才能在工作中获得真正的机会。你可以主动地关心事情的发展，多深入地思考，很多时候机会就在你思考的时候产生了。当然，最重要的还是你要鼓起勇气表达你想要获得机会的意愿，不说别人怎么知道你想要呢？如果一直抱着等别人把机会送到你手上的心态，那只能是痴心妄想。自我推荐也是获得机会很好的办法，就算这次错过了，你也让人知道你有这个愿望和能力，为下次争取机会做好铺垫。

【情绪调节】

主动的人会为自己的未来付出，会为自己的幸福设想，而被动的人就只会站在原地，期望幸福和成功降临。所以，要想拥有幸福和成功，就要改变自己被动的行为和心态，积极主动地去和这个世界上的人与事竞争、较量！

5. 阳光总在风雨后

暴雨来临的时候，乐观的人看到的总是之后的阳光，悲观的人却只能看到在暴雨中被打落的残花。命运如纸，只要保持一种乐观的心态，无论它怎样变化，遭受怎样的挫折与磨难，纸上绘出的永远都是美丽动人的风景。

父亲欲对一对孪生兄弟做"性格改造"，因为其中一个过分乐观，而另一个则过分悲观。一天，他买了许多色泽鲜艳的新玩具给悲观的孩子，又把乐观的孩子送进了一间堆满马粪的车房里。

第二天清晨，父亲看到悲观的孩子正泣不成声，便问："为什么不玩那些玩具呢？"

"玩了就会坏的。"孩子仍在哭泣。

父亲叹了口气，走进车房，却发现那乐观的孩子正兴高采烈地在马粪里掏着什么。

"告诉你，爸爸。"那孩子得意扬扬地向父亲宣称，"我想马粪堆里一定还藏着一匹小马呢！"

乐观的人总是能从困境中看到希望，悲观的人却从希望中看到悲伤。乐观的人总是能容易地得到快乐，就像那个乐观的孩子，虽然只是马粪，他也能发现美。而那个悲观的孩子却永远在担心、哭泣。人生其实并不长，那么为什么不在这容易流逝的日子里抱着乐观的心情去面对一切悲伤和快乐呢？人生因为有了酸甜苦辣才变得意义非凡。

　　一个美国人着泳装在撒哈拉大沙漠游玩，一群非洲土著人好奇地盯着他。

　　"我打算去游泳。"美国人说。

　　"可海洋在 800 公里以外呢。"非洲土著人提醒道。

　　"800 公里！"美国人高兴地说，"好家伙，多大的海滩哪！"

　　在悲观的人眼里，沙漠是葬身之地，800 公里是遥远的，人生是痛苦的；在乐观的人眼里，沙漠是海滩，800 公里是享受，人生是希望。

　　乐观的人总是会有更多的勇气和力量来战胜困难，很多时候不是自己真的做不到，而是内心消极的情绪在作祟。乐观的心总是为自己的人生开拓出更宽更长的路，而悲观的人却相反。

　　用乐观的眼光看世界，世界是无限美好充满希望的。乐观的心态能把坏的事情变好，悲观的心态却能把好的事情变坏。说话消极、爱发牢骚，第一个受害者就是他自己。消极的东西像水果上发烂的部位，当有一处腐烂，它会迅速将好的水果整个感染坏。

　　要想阻止继续消沉下去，就必须将已经坏的部分清除掉。在人生的路途上，保持乐观的心态非常重要，只有健康的心理才能避免让自己陷入困境，才能避免生理和心理上的疾病。

　　当我们手中拥有一颗酸溜溜的柠檬时，我们何不把它做成一杯冰凉甘甜的柠檬汁？一个情商高手不会屈服于颠沛的困境，更不会在穷困潦倒时，始终怪罪时运不济、造化弄人！毕竟每个人都无法一出生就拿到一手"好牌"。只有在拿到一手"坏牌"时，还能够心存乐观、奋发图强，把"坏牌"打得让人刮目相看，那才是一个高情商的人！

乐观来自对生活的积极态度，我们要身处逆境不灰心、不气馁、不怨天尤人、不自暴自弃；面对困难不逃避、不推诿、不放弃；面对责难不影响神志、不动摇心志、不松懈斗志。

乐观不是只有一部分人才能享有，只要掌握方法，就能时刻保持乐观的心态。

（1）重新诠释灾难

我们应该破除一种观念，那就是不好的事情就是灾难。就像失业，虽然丢掉工作很严重，但是不容否认，天下没有不散的宴席，更要承认，经过一段时间的调整可能会出现其他一些挑战的机会。

（2）接受乐观的传染

乐观有传染性。结交两三个遇事乐观的朋友，他们会将阴郁从你身上逐渐赶走。相反，总是和消极悲观的人在一起，看问题的态度也会渐渐变得悲观。所以，多让乐观传染到自己身上也是一件好事。

（3）不抱怨，只解决问题

乐观的人在面对挫折的时候，不会花时间去推卸责任或唉声叹气。他们认为：现在没时间怨天尤人，因为正忙着解决问题。而当你少一分时间抱怨，就多一分时间进步。在实际中不要总说"为什么总是我……"而是要用另一种思维来代替："现在该怎么做会更好？"这样就能化哀怨为乐观。

（4）多用积极正面的字眼

我们所说的话，其实对自己的态度及情绪影响很大。如果你常使用这些负面字眼，恐慌及无助的感觉就随之而起。而乐观的人很少使用这些负面的字眼，他们习惯使用正面的字眼。例如，他们不说"有困难"，而说"有挑战"；不说"我担心"，而说"我在乎"；不说"有问题"，而说"有机会"。只要改变你的负面口头禅，换成正面积极的字眼，你就会立刻感到乐观起来。

【情绪调节】

在人生中，要用积极的心态不断努力。对于坚强者来说，一次逆境，就会生成一粒等量大的、能克服任何困难的种子。乐观的人有一种可以战胜一切困难和悲惨的环境的力量。

6. 热情帮你战胜一切

热情是成功的秘诀，它能燃起无尽的魄力与勇气。只有充满热情对待每一次挑战，才能实现人生的卓越和完美。对生活充满热情会给你的生活带来很多好处，这些好处都是以后你战胜一切的利器！

松下幸之助堪称是热情的化身。他只读过四年书，后来进入大阪电器公司致力于灯头的研究和改造。当时，他几乎是白手起家，但还是一门心思扑在灯头的改良上。

后来，当松下的事业平稳发展时，却适逢 1920 年的经济危机。经济衰退反而让刚起步的松下公司获得了一个大转机。松下幸之助下定决心，决定发动已经生产的"耐雄耐尔"灯具的宣传攻势。于是，他径直去找冈田电池公司负责人，请他捐献一万个电池。

他决定把这一万个电池装在自己的灯具里无偿地向社会发放，以取得宣传效果。冈田听到他的提议不禁吓了一跳，觉得未免太大胆、太离谱了。

松下胸有成竹地对冈田说："这一宣传绝对有效果。我想，如果一炮打响，一年内就能卖出去 20 万个灯具。为 20 万个，耗费一万个是值得的。"冈田被其说服，终于决定一试。

松下的满腔热情带动了冈田，两人联手取得了预期的成功。最终的销售量远远不是当初期望的 20 万个，而是破纪录的 40 万个。就是这次大行动，造就了闻名全球的成功品牌——松下电器。

当然，"耐雄耐尔"灯具有着良好的品质无疑是企业收获成功的基础，但促使企业最终获得成功的催化剂则是松下澎湃的激情。可以说，热情是世界上最大的财富，它的价值远远超过金钱与权势。热情可以摧毁偏见和敌意，赶走懒惰，扫除障碍。热情是最好的老师，以燃烧的激情去干自己最想干的事，把生活中的各种问题和事情当成一种乐趣，并乐在其中，这样的人常常在不知不觉中便能取得惊人的成就。

热情是冷漠人生唯一的解药。人类热情的丧失是由于无知产生的欲望的破灭。幸好热情是人可以自我创造的，只要你满怀激情，就有生活和工作的热情，自然能够享受生活，享受工作。

也许我们会抱怨热情地生活实在太累，但是如果你每天淡漠地看着这个世界，冷冷地对待身边的人，冷淡地对待自己的梦想，那么你还剩什么东西可以让你感受到幸福和快乐。

热情生活不是要你笑对每一个人，也不是要你不知疲倦地玩乐，它是一种心态，一种情绪，一种直面人生的勇气！

每个人都可以对生活热情，不要找任何借口为自己的冷漠掩饰，看看下面的几条建议，你也许会有很大的收获。

（1）用积极的方式和自己说话

"我是最好的""我是最棒的""我充满着激情"，这些热情积极的话语会不断地激发你的热情。

（2）不要总是用否定的词语形容自己

不说"我不行"，而说"我可以"，不说"我试试看"，而说"我会"，用正面词语代替负面词语。

（3）做到真放下才是热情的保证

冷淡的人可能受过重创，于是每天花很多时间想着过去的创伤。不要把你的精力浪费在这些地方。用你的明智学会原谅，然后遗忘，重新燃起对生活的热情。

（4）多做好事可以发掘你的热情

从来没有人在生活富足和所得财产里找到恒久的满足。真正的快乐来自慈善的行为、慷慨的付出和感恩的心态。

（5）去团体里寻找热情和快乐

世界著名潜能大师说："一个人的幸福快乐80%来自与他人相处，20%来自自己的心灵。"一个正面、积极的团队是你热情的源泉。可以召集一些思想积极的人，每个月聚会一次，一起讨论完成目标的方法，彼此激发脑力。

（6）想象自己是个伟人

假定自己是自己心里向往或崇拜的人的样子，这样可以不断激励你用热情来对待事物。想象自己是一个伟人，并引导自己拥有那样的心胸和理想，那么你会对人生有种冲动，并报以强烈的热情，以实际行动去追逐心中的梦想。

【情绪调节】

热情地做某件事，本身就预示着成功的开始。如果能以精进不息的精神、火焰般的热情充分发挥自己的爱好特长，那么不论做什么事情，处在什么情境中，都可以乐在其中，体味快乐人生的真意。

7. 快乐总是与洒脱相伴

洒脱不傍权贵，洒脱不弃贫穷，洒脱是品味人生的一种情真意切的快乐。洒脱是随性自然的发挥，洒脱是内涵素质的修炼与外露的表象，它所展现的是一种气质与风度。因而洒脱的人总是能得到最淳朴的快乐。

过去，有一个人提着一个非常精美的罐子赶路，走着走着，一不小心，"啪"的一声，罐子摔在路边一块大石头上，顿时成了碎片。路人见了，唏嘘不已，都为这么精美的罐子成了碎片而惋惜。可是那个摔破罐子的人，却像没这么回事一样，头也不扭一下，看都不看那罐子一眼，照旧赶他的路。

这时过路的人都很吃惊，为什么此人如此洒脱？多么精美的罐子啊，摔碎了多么可惜呀！甚至有人还怀疑此人的精神是否正常。

事后，有人问这个人为什么要这样。

这人说："已经摔碎了的罐子，何必再去留恋呢？"

人在现实，身不由己，但我们终日忙忙碌碌，疲惫的心灵确实需要宁静的放松。尽管忙碌使我们充实而愉快，但若我们不懂得洒脱，实际上是在给自己加重负担，让心灵终日劳役，它终有一天会疲惫的。一味追求而忘记给自己一份洒脱的心境，我们又如何去负载更多世俗的担子？洒脱，是在痛苦之后的一种平静，是在苦涩中品味出的一丝甜蜜。

洒脱，就像一江流水迂回辗转，依然奔向大海，即使面临绝境，也要飞落成瀑布；就像一山松柏立根于巨岩之中，依然刺破青天，风越大就越要奏响生命的最强音。洒脱就不要为无所谓的尘世而计较成败得失，使自己只守着一颗烦闷的心；也别再为现实和理想的差距而让自己思索着沉闷的主题；更不要为人生的坎坷、岁月的蹉跎而一蹶不振。

成功的人回顾大坎坷时一带而过，失败者叙述小挫折时喋喋不休。我们谁不希望做生活中的强者呢？这就要求我们学会洒脱，因为有些东西得到后或许会后悔，有些东西失去了也许会庆幸。该放弃的，就不要留恋，因为要去的终究挽留不住，在得失之间只要你耕耘过、播种过、浇灌过就够了。

收获多少，并不是成败的唯一标准，重要的是藏在细枝末节里使你一次次痛心疾首、刻骨铭心的经历。洒脱的人会把坎坷的路途当作目标的一部分，而不是把成功看成无依无靠的空中楼阁。洒脱能够让你在千万次受伤之后，依然怀抱希望和感激。

生活中有时洒脱是忘却，有时洒脱是泰然，有时洒脱是无声胜有声，有时洒脱又是对境心不起，有时洒脱是宁静淡泊。人生中的酸甜苦辣，谁又能诉尽？每日烦事、恼事、怒气、怨气，谁又能为之抚平？只有洒脱地去面对，用微笑去迎接每一次挑战。

洒脱的人都会经常告诉自己要看开一些，那怎么样才能"看开一些"呢？

（1）一分知识储备，十分自信过人

要有渊博的知识，说话才可能随心所欲，任意发挥，进退自如，这才叫洒脱。这种洒脱是自信的表现，有知识有自信就会洒脱。正可谓是一分自信，十分潇洒。

（2）二分自我放飞，十二分乐观向上

少一些局限思维，多一些乐观阔达，说话才大大方方，才算一种洒脱。这种洒脱是一种"前瞻感情"，不拘泥于前提，敢于放飞自己。

一个人怕东怕西，顾及太多，就会慎重到保守的地步，而慎之又慎，反无自信。一个人只要保持乐观的心态，就会说话大方，潇洒自如，侃侃而谈，无所不说。在"前瞻感情"中做到心灵的沟通，才会显得洒脱自然。做到这样，就不会被困难吓倒落得个遗恨终生。

（3）三分乐观豁达，百分百潇洒自在

人生的道路是曲折坎坷的，对于荣辱、富贵、贫穷、诽谤、嫉妒、酸楚等社会附加物，一笑置之，那么你就得到解脱了，心理就平衡了。少了那些附加物，还原生活的本质，还怕自己做不到洒脱吗？

凡事顺其自然，遇事处之泰然，把失意艰辛曲折当作人生中的必然。遇事多思其有利一端，对人多念其友好一面，多闻乐事，多交性格开朗之人。时时提醒自己，紧张焦虑不能解决问题，淡定豁达才能寻找到出路。

【情绪调节】

洒脱是一种人生境界，是对生活的透彻理解，对人生的深刻体验。它是生活的积累，是人生积淀的结晶，生之于此，当用之于此。我们只有洒脱地去面对人生中的一切风风雨雨，生活才会像瀑布般挥洒自如。

8. 包容给你无穷力量

苏格兰著名历史学家卡莱尔说："一个伟大的人，是以他待小人物的方式来表达他的伟大。"宽容是一种修养，是一种处变不惊的气度。

包布·胡佛是一位著名的试飞员，常常在航空展览中表演飞行。一天，他在圣地亚哥航空展览中表演完毕后飞回洛杉矶，正如《飞行》杂志所描写的，在空中300米的高度，两具引擎突然熄火。由于技术熟练，他操纵飞机着陆，但是飞机严重损坏，所幸的是没有人受伤。

在迫降之后，胡佛的第一个行动是检查飞机的燃料。正如他所预料的，他所驾驶的第二次世界大战时期的螺旋桨飞机，居然装的是喷气机燃料而不是汽油。

回到机场以后，他要求见见为他保养飞机的机械师。那位年轻的机械师为所犯的错误难过至极，当胡佛走向他的时候，他正泪流满面。他不仅造成一架昂贵飞机的损失，还差一点使 3 个人失去了生命。

你可以想象胡佛必然大为震怒，并且预料这位极有荣誉心、事事要求精确的飞行员必然会痛斥机械师的疏忽。但是，胡佛并没有责骂那位机械师，甚至没有批评他。相反地，他用手臂抱住那个机械师的肩膀，对他说："为了表示我相信你不会再犯错误，我要你明天再为我保养飞机。"

宗教家康庇斯曾经写过这么一段话："很少人会以衡量自己的天平来衡量别人。"我们自己的过失和别人的过失相比，似乎算不了什么。当我们做了一件令自己觉得羞愧的事时，我们仅仅是自责上一会儿，然后很快就宽恕了自己。但是当别人犯了错误或表示愤恨时，我们却总是很快把他贬得一文不值。更可笑的是，我们总是抓住别人的一次谎言不放，却忘了自己曾经说过无数次谎。

要想具备做人的资格，就必须记住每一个人都会犯错，我们是善良与邪恶、成功与失败、信心与失望、合群与孤独、勇气与恐惧的混合体，唯有保持宽恕，我们才能发现，在我们一生当中，伟大的一面占了大部分的内容。

宽容是一种美德，能够宽容别人的人，可以和各种人和睦相处，反映了自身的人格修养和广阔胸襟。尤其是生活在这样一个复杂的社会中，我们更需要宽容，因为只有宽容才会发现别人的长处，才能够更好地与人合作。

用下面 4 个"容人"，和自己的行为对比一下，做到了，你就是真正领悟到了宽容的真谛。

（1）容人之短

"金无足赤，人无完人"，人的短处是客观存在的，容不得别人的短处势必难以共事。

（2）容人个性

由于人们的社会出身、经历、文化程度和思想修养各不相同，所以人们性格各异。因此容人从根本上来说就是要接纳各种不同性格的人，这不仅是一种道德修养，也是一门艺术。从历史上看，许多领袖人物，都是善于团结各种不同性格的人共同工作的典范。

（3）容人之过

"人非圣贤，孰能无过"，历史上凡是有作为的伟人，多数都能容人之过。比如林肯，他很少指责别人的过错，即使在南北战争的一次关键战役中，前线的米德将军违抗他的命令，拒不追击败局已定的南方军队，并导致对方逃脱，林肯也没有因此批评或是指责米德将军，反而给予理解和宽容。

（4）容人之功

别人有功劳，本应该感到高兴，但有的人心胸狭窄，生怕别人功劳大会对自己构成威胁，这些都说明容人之功不易，只有那些以国家、民族利益为重，胸怀开阔的人才能做到。天下没有渡不了的河，没有过不去的山，也没有解不开的结。人生就是那么几十年，有什么事非要耿耿于怀，搞得自己不开心呢？记住：开开心心地生活和工作，比什么都重要！

【情绪调节】

人生在世都有被冷言所谤、被暗箭所伤的时候，遇有令人厌烦的人和事时要学会克制自己。学会了宽容，那就会种瓜得瓜，种豆得豆，一颗包容的心必然会为你带来幸运和机会。

9. 轻松地过，快乐地活

有的人总是把生活过得战战兢兢，紧紧张张，每一步每一次转弯都要深思熟虑，但就算是如此，他的生活还是不快乐、不幸福。而有的人过得简单自在，轻轻松松，反而活得快乐幸福。轻松地过，快乐地活是一种人生境界。

在山中的一个铁矿里，有个小矿工被派去买食用油。在离开前，矿里的厨师交给他一个大碗，并严厉地警告他："你一定要小心，我们最近财务状况不是很理想，你绝对不可以把油洒出来。"

小矿工买了油就往山上走，他想到厨师凶恶的表情及严肃的告诫，越想越觉得紧张。小矿工小心翼翼地端着盛满油的大碗，一步一步地走在山路上，丝毫不敢左顾右盼。

不幸的是，快到厨房门口时，他踩到了地上一个坑。虽然没有摔跤，可是却洒掉了1/3的油。小矿工非常懊恼，而且紧张得手都开始发抖了，来到厨房时，碗中的油就只剩一半了。

厨师看到油时，当然非常生气，他指着小矿工大骂："你这个笨蛋！我不是说要小心吗？为什么还是浪费这么多油？真是气死我了！"

小矿工听了很难过，开始掉眼泪。另外一位老矿工了解事情的经过以后，就对小矿工说："我再派你去买一次油。这次我要你在回来的途中，多观察你看到的人和事物，并且要报告给我。"

小矿工觉得自己做不到，本想推掉，但在老矿工的坚持下，他只好勉强上路了。在回来的途中，小矿工发现其实山路上的风景真是美，远方看得到雄伟的山峰，又有农夫在梯田上耕种。走了不久，又看到一群小孩子在路边的空地上玩得很开心，而且还有两位老先生在下棋。当小矿工回到山上把油交给厨师时，发现碗里的油装得满满的，一点都没有损失。

世上很多人都像小矿工第一次买油一样，把自己的生活弄得很紧张，最后却得不偿失。而有的人却能轻松地生活，轻松地面对一切，不知不觉就渡过了难关。

其实，生活并没有那么艰难，只是我们自己紧张和恐惧的心情让生活变得很可怕，放轻松一些就会发现生活其实可以那么简单，那么美好。在这个世界上，没有一块发条永远上得十足的表会走得长久，没有一辆马力经常加到极限的车会用得长久，没见过一根绷得过紧的琴弦不易断。同样的道理，人也要学会放松，在没有压力的情况下，人生才会轻松！

如果你还是觉得要轻松做人是一件困难的事，那么就用下面的"轻松四条"来要求自己，给自己一个标准，这样是不是就会简单一些呢？

（1）为心灵留出一点空间

很多时候，我们需要给自己的心灵留下一点空隙。这就好比正在公路上行驶的两辆汽车，中间要保持相当的安全距离一样，这样不仅可以留有一定的缓冲余地，还可以随时调整自己，进退有据。心灵也是一样，有足够的空间，它才会觉得轻松自在。

（2）为心灵减负

一个人必须让灵魂跟上脚步，才能感受到幸福。心灵的重负太大了，就扔掉一些没用的东西吧，让自己轻装前进，才会有惬意的人生。

（3）用原谅的心对待一切

也许生活总是会给你制造一些麻烦，但是我们应该原谅别人对自己的误解与伤害，原谅自己的无知与鲁莽。放过自己，原谅别人，人生才可以多些亮色。

（4）用另一种视角看待错误

允许自己有可以原谅的过错，及时吸取经验教训，不要让已经犯下的错误妨碍你以后的生活。同其他所有的误区一样，一味地内疚和后悔，会让你心情紧张起来。

【情绪调节】

轻松、快乐本身就是世间成本最低、风险最小的成功，却能让人真正受用。轻松做人是一种境界，一种处世智慧；快乐生活是一种修为，一种生存艺术。心灵为名利所役，终日患得患失，会错过太多美好的风景！给生活一些空间，让自己轻松一点，你会发现快乐无处不在！

下篇
情绪管理——做情绪的主人

　　人都有七情六欲，高兴、悲伤、愤怒、焦虑……构成了人生五彩斑斓的画面。情绪没有好坏之分，它只是人们对环境的一种反应。但是，在为人处世、做人做事的过程中，如果不能很好地管理自己的情绪，必然让自己四处碰壁、寸步难行。

　　每个人都需要进行情绪管理，在了解情绪的基础上控制情绪、疏导情绪、改变情绪，做情绪的主人。一旦你能灵活自如地消除不良情绪、掌握好心理调节术，那么必然会拥有健康的身心，保持最佳的状态，与身边的人和谐相处，离成功、幸福就会越来越近。

第七章　丢掉抱怨情绪——"不公平"是这个世界的一部分

有这样一句话："以恨对恨，恨永远存在；以爱对恨，恨自然消失。"即使是一个心胸非常宽广的人，也往往难以容忍别人对自己的恶意诽谤和伤害。但唯有以德报怨，把伤害留给自己，埋在心底，以大度宽广的胸襟去包容一切，才能赢来一个充满温馨的世界和明天。人生是不公平的，习惯去接受它吧。请记住，永远都不要抱怨！

1. 换位思考，让心情更美好

换位思考是基本的道德教谕。古往今来，从"己所不欲，勿施于人"到"你们愿意别人怎样待你，你们也要怎样待人"，不同地域，不同种族，不同宗教，不同文化的人，说着大意相同的话。

真理的身上布满伤痕，换位思考是人类经过长期博弈，付出惨重代价后总结出的黄金法则。没有人是一座孤岛，社会是一个利益共同体，我们不能用自己的左手去伤右手，我们是同一棵树上的叶和果。克鲁泡特金在《互助论》中证明：只有互助性强的生物群才能生存。对人类而言，换位思考是互助的前提。

圣诞节前夜，一位商人在地铁出口看见一个衣衫褴褛的人站在路旁，面前放着一个装了几个硬币的盒子，旁边凌乱地插着一些铅笔。

商人放了几个硬币在盒子里就匆匆往前赶。走了一会儿，他觉得有些不妥，就转身折回来，他问了问铅笔的售价，拿了几支，并向对方道歉，解释说自己忘记拿了，希望他不要介意。

几年后他们再次相遇时，这个衣衫褴褛的人成了富商，他握住商人的手动情地说："您可能不记得我了，我也不知道您的名字，但是，您是我永远也忘不了的人。是您，重新给了我自尊！自从我的生意倒闭以后，我一蹶不振。那时候我看上去是在卖铅笔，可人们都把我当成乞丐来施舍，因此我自己也认为我是一个乞丐！那天，我麻木地看着您丢下硬币，可是没想到您又跑回来了。您的言行告诉我，我不是一个乞丐，而是一名商人！谢谢您让我重新站起来！"

每个人都不希望被看成乞丐，正所谓"己所不欲，勿施于人"，因此，在开口说话前，我们先问自己：当我犯了过错时，我希望别人批评我吗？不希望！我希望得到原谅。当我做得不好时，我希望别人嘲笑我吗？不希望！我希望得到鼓励。当我遭到挫折时，我希望别人幸灾乐祸吗？不希望！我希望得到帮助。当我情绪低落时，我希望别人冷落我吗？不希望！我希望得到安慰。当我总是听不懂时，我希望别人觉得我烦吗？不希望！我希望得到耐心。所以当你自己也处在类似情景时，就做对方希望你做的事，这才是最有效的沟通技巧。

你有没有这种经历？在你心情很好的时候碰到一个家伙，这个家伙上来就说天气有多么糟糕，他的生活多么黯然无光，这个时候，你的大脑会随着他的语言思考，结果，你脑中的画面是一幅幅不愉快的景象，你的心情也会因此而莫名变得压抑。在下一次，你会尽量避开与这个家伙交流。有些人之所以喜欢抱怨，往往是害怕别人知道做事不利的根源在于你自己——你害怕面对事情，你害怕面对问题本身，你害怕和别人进行有意义的交流。因此，在这种情况下，我们要试着换位思考，避免抱怨情绪的恶性循环。

当你学会换位思考的时候，就会在遇到问题时多站在别人的角度来看待，设身处地为他人着想。当我们遇到与他人意见各异的情况时，试着从对方的角度去考虑某些问题，设身处地从对方的角度去思考、去处理问题。有可能某些眼看无法调和的冲突在我们"山重水复疑无路"时，因为我们的换位思考而进入了"柳暗花明又一村"的境界。当我们做到这些的时候，就能够更多地理解别人，宽容别人。在生活中，学会换位思考，化干戈为玉帛，化消极为希望，会让我们发现原来生活其实很美好，每一天的心情都很好。

【情绪调节】

如果你想抱怨，那么生活中的一切都能够成为你抱怨的对象；如果你不抱怨，生活中的一切就都会变得美好起来。一味地抱怨不但于事无补，有时还会使事情变得更糟。所以，不管现实怎样，你都不应该抱怨，而要靠自己的努力来改变爱抱怨的心态。如果你已经准备好，请拿出虚怀若谷的胸襟，学会换位思考，你会发现，世界原本可以如此美丽，生活原本可以如此丰富，精神原本可以如此充实。

2. 赞美是拉近彼此距离的绳索

贝克斯特是个测谎专家，有一天，他心血来潮在办公室做起了研究。他将植物的叶梢衔接在有记录器显示的测谎器上，然后在植物根部加水，试验其反应。

结果，记录器上显示无反应。接着他又摘下其中的一片叶子放进热咖啡中，不久之后，记录器上出现急剧的变化——记录器上的指针如失去控制般地往上延伸！

从此以后，贝克斯特和其他人便将对植物生态的理论研究，延伸到人类的感情和心态上。结果证明：植物的反应会随着照顾者的态度而有所不同，如果得到赞美，它们会欣欣向荣；相反，如果受到批评，它们便会表现出病恹恹的样子。

人类的态度对植物的影响尚且如此之大，人与人之间的影响力岂不更大？让我们来看下面一则故事：

华克公司承包了一幢办公大厦的建筑工程，必须在合同规定的日期内完工。一切顺利，眼看就要完工，突然负责供应楼内装饰材料的供应商声称，他不能按期交货了。这意味着整个工程不能按期交付，那样他将承担巨额的罚款。

电话、争吵、讨论都无济于事。于是负责此项工程的高伍先生决定亲赴纽约，和那位供应商商谈。

"你知道你的姓在这个地区是独一无二的吗？"高先生在进入这位经理办公室的时候问道。

"不，我不知道。"这位经理很吃惊。

于是高先生说："今天早上我下火车后，就在电话簿中查找你的地址，发现在地勃罗科林电话簿中姓这个姓的只有你。"

经理说："真的吗？"他很有兴趣地翻着电话簿，显得很骄傲。接着他又自豪地说："这个姓可不普通。大约200年前，我的祖父从荷兰移民到这里……"

他用了很长的时间谈论他的家族史。等他说完了，高先生又恭维他一个人支撑那么大一个公司，并且比其他同类公司生产的装饰材料都好得多。接下来供应商坚持要请高先生吃饭。在吃饭的过程中高先生又说了一些其他的事情，却始终没说明来访的目的。

午饭后，供应商说："现在，我们言归正传。我自然知道你此行的目的，但想不到，你能给我带来这么多的快乐。放心吧，你要的东西，我马上派人给你送过去，即使工作再忙。"

高先生没有提任何要求就达到了目的。那些材料准时送到，他们也按期交工。在这种情况下，如果高先生也用大多数人的方法，去理论去争执，结果肯定不会如此完美。

从情商的角度来分析，别人曾经给予自己的赞美是否令你感到莫大的快乐？在萎靡不振的时候，别人的一句赞美是否使你得到莫大的安慰和鼓舞？

没错，认可和赞美是人际交往中的重要一环，是良好关系的开端，是拉近彼此距离的无形绳索。人人都渴望得到别人的赞美，没什么东西比表扬更能开启人的积极性。当我们夸奖一个人干得好时，他就会更加努力，希望自己干得更好。相反，如果只是一味地批评和指责，这样只会打消对方的积极性，反而不利于事情的进展。

赞美，给予别人精神上的满足，会调动对方积极的情绪，使其发挥最出色的一面。所以，请不要吝惜你的赞美，在你奉献出热情的鼓励和真诚的赞美时，你会收获更加灿烂的明天。

【情绪调节】

赞美，是这个世界上最动听的语言。它给人力量，让人自信，赢得友善与认同。所以，开始赞美你身旁的人吧！告诉他们你真的爱他们，赞扬他们的贡献，并对他们为公司，为某一部门或某个团体所做的一切，说声"谢谢"。播种赞美，你就会收获赞美。

3. 通过反省让自己得到解脱

自省，顾名思义就是对自我动机和行为的反思。打个比方，如果你生病了，你需要做的就是去医院检查身体，找出病因，然后对症下药，进行治疗，这样才能恢复健康。假如只是怨天尤人，抱怨自己命运不好，因此而耽误治疗，那么即使是小毛病也终究会酿成大病。

人的一生都会遇到挫折，受挫后无论怎样责怪别人，都是徒劳无益的。我们应该多问问自己，总结自己、反省自己、检讨自己。这也许是最明智正确的态度。

一个朋友近来走了霉运，原本蒸蒸日上的业务突然间屡屡失败，公司里多年来一直忠心耿耿跟随他左右的两个业务副总管离开了他，甚至跳槽到他竞争对手的公司去了。

在内外交困之中，这个朋友并没有认真、及时反省自己，反而一味地责怪昔日的战友背叛了自己，沉湎于愤怒和伤心之中，不再相信别人，动不动就发脾气。结果是恶性循环，整个公司上下人心涣散，陷入了更大的困境。

其实公司经营上出现了问题，老总理所当然首先不可推卸自己的失误，如果把所有的过错归咎于他人，那么必将面对更大的危险。

怨天尤人其实是一种懦弱的不成熟的表现，是在掩盖自己不能面对现实的事实，同时还留下了可能重蹈覆辙的隐患。强者并不是一帆风顺的幸运儿，他必然也要经历各种痛苦和挑战，能够战胜困难的人首先必须战胜自己，反省自身。

反省自己是一种解脱。我们不肯认错无非是顾及自己的面子，不肯承认自己的失败。事实上这个世界上从来就没有常胜将军，所有自我的包袱和面子在勇敢地承认自己的失误之时就已经悄然放下了，我们会因此变得轻松。所谓吃一堑，长一智，善于总结自己就能够把失败的教训变成自己的财富。

反省自己是一种力量，习惯于责怪他人的人迟早会招致怨恨，一个勇于律己的人会因此而拥有包容整个世界的力量，让所有人钦佩其风度并乐于与其交往。

反省自己是一种境界，在这个世界上最难以战胜的敌人就是自己，如果一个人已经到了只剩下自己这一个对手时，实际上他已经在天下没有其他敌人了。

【情绪调节】

爱抱怨者，可能很难意识到：很多抱怨都是他们自己一手造成的！你的工作没做好，上司自然会找你麻烦；你不注意减肥，当然没有适合你的衣服；你不看天气预报，被雨淋了又能怪谁？所以当你试图抱怨的时候，不妨先从自己身上找找原因。我们要像天天洗脸，天天扫地那样天天自省。洗脸、扫地是为了保持表面的干净，而自省却是为了去除心灵上的灰尘，保持内心灵魂的洁净。了解自身的缺陷和不足，分析问题的症结所在并且对症下药，才能达到心理上的健康和完善。

4. 从容面对生活中的不如意

知足常乐是一种高智慧、高情商的表现。在生活中能够做到知足常乐，就能不被日常琐事所左右，不让外界情况影响自己的情绪，从而使自己保持良好的心态去接受生活的考验。

懂得知足常乐，对于个人来说无疑就是减少情绪负担的灵丹妙药。它化解你心中的烦闷，驱散你眼前的愁云，赶走你头脑中的愤慨，清除你身上的积怨。若无论什么考验和冲击，你都能以良好的心境来对待，那么还有什么是你不能战胜的呢？

古希腊哲学家苏格拉底还是单身的时候，和几个朋友一起住在一间只有七八平方米的房子里，但他却总是乐呵呵的。有人问他："和那么多人挤在一起，连转个身都困难，有什么可高兴的？"

苏格拉底说："朋友们在一起，随时都可以交流思想，交流感情，难道不是值得高兴的事情吗？"

过了一段时间，朋友们都成了家，先后搬了出去。屋子里只剩下苏格拉底一个人，但他仍然很快乐。那人又问："现在的你，一个人孤孤单单的，还有什么好高兴的？"

苏格拉底又说："我有很多书啊，一本书就是一位老师，和这么多老师在一起，我时时刻刻都可以向他们请教，这怎么不令人高兴呢？"

几年后，苏格拉底也成了家，搬进了七层高的大楼里。但他的家在最底层，底层的境况是非常差的，既不安静，也不安全，还不卫生。那人见苏格拉底还是一副乐呵呵的样子，便问："你住这样的房子还快乐吗？"

苏格拉底说："你不知道一楼有多好啊！比如，进门就是家，搬东西方便，朋友来玩也方便，还可以在空地上养花种草，很多乐趣呀，只可意会，无法言传。"

又过了一年，苏格拉底把底层的房子让给了一位朋友，因为这位朋友家里有一位偏瘫的老人，上下楼不方便，而他则搬到了楼房的最高层。苏格拉底每天依然快快乐乐。那人又问他："先生，住七楼又有哪些好处呢？"

苏格拉底说："好处多着呢！比如说吧，每天上下几次，这是很好的锻炼，有利于身体健康；光线好，看书写字不伤眼睛，没有人在头顶干扰，白天黑夜都非常安静。"

后来，那人遇到苏格拉底的学生柏拉图，便向他感叹："你的老师总是那么快乐，可我却觉得他每次的处境并不是多么好呀。"

柏拉图说："决定一个人心情的不在于环境，而在于心境。"

苏格拉底每次遭遇的生活境况并不尽如人意，但他却善于在不利的环境中发现快乐，让心灵始终保持澄明，若非高情商者，是绝对做不到的。

生活中有很多人，看到身边人高就的高就，升迁的升迁，发达的发达，自己却还是在原地踏步，总不免心生艳羡或嫉恨。于是，有的人选择"命里有时终须有，命里无时莫强求"来安慰自己，而有的人却将这股嫉恨化为怒火，巴不得对方出点什么岔子跌入谷底深渊才好，与此同时，自己的情绪也跟随着他人他物的变动而变动着，不能自控。

其实，知足常乐并非消极。我们知道，一个人的力量是有限的，但一个人的欲望却是无穷的，这对统一的矛盾体常常让人感到人生中遭遇的不如意之事太多太多，而可以掌控的事情则太少太少。这个时候，自己一旦被欲望锁住，便会感到苦闷、不满或者烦躁。

如果没有意识到自己心中的这些情绪，未能及时地调整好心态，任这些消极情绪恣意挥发或加强，最终将伤人伤己。而懂得知足常乐的人，他们总是能看清社会的纷扰，看淡名利、地位和金钱，平静地面对嘲讽，理智地面对追捧。

【情绪调节】

在我们周围常听到抱怨生活不公平、不如意的声音，这些人总是跨不过那扇快乐之门，被抑郁、忧伤困扰。而这些痛苦往往都来源于"把自己摆错了位置"，总觉得生不逢时，总觉得机遇未到。长期抱怨的人，最容易犯的一个错误，就是让消极的想法在自己脑海里生根发芽。就像经常有人说的："我知道我不该抱怨，但我不知道该怎么让自己不要抱怨。"坦然面对眼前的变化无常，保持心情舒畅，笑口常开，在自己并不理想的境况下也能找到生活的乐趣而不过于苛求，这就是知足常乐之道。

5. 要看到他人的长处

把抱怨的话语挂在嘴边的人，大多只看到了身边人不好的一面，因而这里不满意，那里不满意。其实，只要善于发现他人的长处，就会很容易消除这种消极观念。

我国古代儒家的创始人孔子可谓满腹经纶，被世人尊为"孔圣人"。他过人之处太多太多，但他却没有自命不凡，而是努力去发现别人的长处，虚心向别人请教，始终认定"三人行，必有我师"。

因此，不要总是看到别人的缺点，而应该多看看别人的长处，时时检讨自己，看看自己还有什么地方需要改进和完善。

有一位美国作家，她在谈到人生中对她影响最大的人的时候，说到了这样一件事：

在她小学的时候，她长得很瘦小，也不好看，成绩非常差，所以总是很自卑，对自己没有一点信心，总觉得自己什么人都不如，是一个被人看不起的孩子。

有一天，老师给所有的同学布置了一个任务，要求每一个同学写下班里其他同学最突出的一个优点。老师把每个同学写上来的纸条做了汇总整理，然后再返回给每一个同学一张纸条，这张纸条上写的就是其他同学认为的他所具有的优点。

当老师把同学们写的这位作家的优点交到她手上的时候，她看到后非常激动，因为她根本没有想到原来自己还有这么多的优点和美德，而且老师还在上面写了一个评语："我为有你这样优秀的学生感到骄傲。"

从这一天起，她每天都充满自信，成绩也越来越好，最终成为一位著名的作家。她说："如果没有当年同学们的好评和老师的鼓励，我不知道是否会取得今天这样的成就。"

生活中，这样的例子屡见不鲜。做学生的时候，都会有自己比较喜欢的老师，而我们所喜欢的那位老师，一定是非常欣赏我们的人，而他所教的那一门功课也一定是我们学得最好的那一门课。

正因为这样，我们在日常生活中应该更多地学会赞美、欣赏别人的优点，对自己的上级应该表示尊敬，对自己的下级应该显示出对他的欣赏，对自己的同事、朋友、亲人应该时常赞美。

如果我们能够经常发现别人的各种优点，相信我们一定会拥有良好的人际关系，也会得到别人的欣赏和帮助。

冰心曾经说过："世上一物有一物的长处，一人有一人的价值。我不能偏爱，也不能偏憎。悟到万物相衬托的理，我只愿我心如水，处处相平。"在漫长的人生道路上，我们要善于发现自己和他人的优点，与好心情做伴，相信阴霾的日子也终会成为艳阳天。

【情绪调节】

实际上，路的旁边也是路。有时候我们走得不好，不是路太窄了，而是我们的眼光太狭窄了。最后堵死我们的不是路，而是我们自己。努力地去发现他人身上独具魅力的特点，用欣赏的态度关注他人，你就容易赢得他人的信赖，并在融洽的关系中充分发掘工作与生活的乐趣。

6. 以德报怨，路会越走越宽

"以牙还牙，以眼还眼"，可能是有史以来大多数人对待对手最容易采取的手段和方式了。古往今来，在漫漫的历史长河中，人类演绎了太多冤冤相报和世代为仇的历史悲剧。

回望历史，冤冤相报给人类造成太多的痛苦和悲剧，留下无数遗恨和灾难。诚然，许多悲剧性事件的发生往往都具有复杂的原因，但争端无不起源于双方的互不相让。

如果人们在面对仇恨时能够平和心态，宽以待人，放弃不必要的争斗，以德报怨，许多悲剧是完全可以避免的，甚至历史都可能会呈现出一种别样的美丽。

春秋时期的齐桓公就是这样一个充满睿智的伟人。他在与公子纠争位时曾挨过政敌管仲一箭，差点要了他的性命。应该说齐桓公与管仲之仇不共戴天。

可是，当他登上国君之位后，却以政治家的敏锐，意识到齐国的发展需要管仲这样的人才，听从了鲍叔牙的劝说，齐桓公以博大的胸襟宽容并重用了管仲。

由于齐桓公以毫无芥蒂的重用回报当年的一箭之仇，深深地感动了管仲。

从此，管仲便尽心效力国事，鞠躬尽瘁，最终助齐桓公实现富国强兵，"尊王攘夷"，率先登上春秋霸主之位，成就了彪炳千秋的历史伟业。

历史上还有很多这样的佳话。秦汉时期，功成名就的韩信没有杀掉当年让他受胯下之辱的青年，使此人感激涕零，愿意终生为他效劳；三国鼎立时期，孟获的叛乱严重危害了蜀国的稳定，但诸葛亮在讨伐南中时，却一次次放走对手孟获，最后使桀骜不驯的孟获心悦诚服，从此效忠蜀汉，听命于诸葛亮的调遣，成为蜀国巩固后方的基石……

齐桓公的不计前嫌，蔺相如的相忍为国，韩信的宽宏大量，诸葛亮的以德服人，无不让我们看到历史上智者的容人肚量和仁者的博大胸怀，看到人类真善美的瑰丽动人。原来，用宽仁来回报伤害，用仁德来回报怨恨，可以让我们的世界呈现化干戈为玉帛的祥和。

【情绪调节】

以德报怨是不容易做到的，它需要一颗宽容之心。大肚能容天下难容之事，小肚鸡肠是万万不行的。以德报怨需要你想的不是怎样去报复对方，而是去原谅他然后思考如何用你的宽容、真诚感化对方，让他自省确实是错了。

7. 保持空杯心态，塑造全新的自我

我们平常所说的空杯心态，就是要有一种归零的心态，一种一切从头开始的决心，将自己以往的成功经验或是已经过时的学识予以自我"清零"，把自己想象成是一个空的杯子。始终给自己一个全新的自我，不断地接纳、换新，这样人生的道路才能越走越宽广。相反，自满会使我们目光短浅，安于现状；

懈怠则使我们故步自封，坐失良机。

古时候一个佛学造诣很深的人，听说某个寺庙里有位德高望重的老禅师，便去拜访。老禅师的徒弟接待他时，他态度傲慢，心想：我是佛学造诣很深的人，你算老几？后来老禅师十分恭敬地接待了他，并为他沏茶。可在倒水时，明明杯子已经满了，老禅师还不停地倒。他不解地问："大师，为什么杯子已经满了，还要往里倒？"大师说："是啊，既然已满了，干吗还倒呢？"禅师的意思是，既然你已经很有学问了，干吗还要到我这里求教？

这就是"空杯心态"的起源，其象征意义是，做事的前提是先要有一个端正的心态。如果想学到更多学问，先要把自己想象成一个空着的杯子，而不是骄傲自满。因为只有把水全部倒光后，才能吸收更多的东西，不要想着自己知道什么，而要想着自己其实什么也不知道，如此才能够激励我们不断地学习、进步，从而适应时代与环境的变化。

生活中，有的人对这个看着不顺眼，对那个抱怨，其实是心里面装了太多东西，总认为自己的想法是正确的。因此，想学到更多学问，想提升职业能力，想在事业上有所精进，首要的一点就是放低自己，把自己想象成一个空着的杯子，端正自身心态，学会接纳。

具体来说，想掌控自身的情绪，保持空杯心态，调整好自身的情绪状态，要从下面几个方面努力：

（1）正确评价自我

空杯心态就是忘却成功，学习变化，受到批评要警惕、警醒，得到赞扬更要警惕、警醒。在鲜花和掌声面前，看到差距；在困难和挫折面前，不失信心。即能够客观、公正、全面地看待自己的一切。

（2）善于更新自我

空杯心态，应是一种不断挑战自我，永不满足的拼搏精神。它要求我们随时对自己拥有的知识和能力进行重整，清空过时的，为新知识、新能力的进入留出空间，保证自己的知识与能力总是在不断积累、更新。

（3）敢于否定自我

空杯心态是对自我不断否定和扬弃的过程。人类能够认识自己就已经非常困难，而不断地否定自己更是难上加难。否定自我需要胸襟、需要坦诚、需要胆魄，只有敢于否定自己，才能不断塑造更完美的自己。

【情绪调节】

人无完人，任何人都有自己的缺陷，都有自己相对较弱的地方。也许你在某个行业已经满腹经纶并十分成功，也许你已经具备了丰富的技能，但是对于新的环境、新的政策、新的对手，你仍然没有任何特别之处可言。你需要用空杯心态去重新整理自己，去吸收现在的、别人的、正确的、优秀的东西。如果你不去领悟，不去感受，不去学习，仍然高枕无忧地躺在过去成功的经验之上，那结局将是非常可怕的。

8. 难得糊涂

你能活多久？这个问题恐怕只有等到你离开这个世界的那一刻才会知道。宇宙有多大？这个问题可能到你离开这个世界的时候也没人会知道。难道所有事情都要弄个究竟吗？当然不是，凡事都要有个度。

所有事情都要争个是非的做法并不可取，有时还会带来不必要的麻烦与危害。比如，当你被别人误会或受到别人指责时，如果偏要反复解释或还击，结果就有可能越描越黑，事情越闹越大。最好的解决方法是，不妨把心胸放宽一些，不去理会。

2002年3月，一位旅游者在意大利的卡塔尼山发现一块墓碑，碑文记述了一位名叫托比的人被老虎吃掉的事件。

由于卡塔尼山就在柏拉图游历和讲学的城邦——叙拉古郊外，一些考古学家认为，这块墓碑可能是柏拉图和他的学生们为托比立的。碑文大意是这样的：

托比从雅典去叙拉古游学，经过卡塔尼山时，发现了一只老虎。进城后，他说，卡塔尼山上有一只老虎。城里没有人相信他，因为在卡塔尼山从来就没人见过老虎。托比坚持说他见到了老虎，并且是一只非常雄壮的虎。可是无论他怎么说，就是没人相信他。最后，托比只好说，那我带你们去看，如果见到了真正的虎，你们总该相信了吧？

于是，几个学生跟他上了山，但是转遍山上的每一个角落，连老虎的一根毫毛都没有发现。托比对天发誓，说他确实在这棵树下见到了一只老虎。跟去的人都说他的眼睛肯定被魔鬼蒙住了，还是不要说见到老虎了，不然城邦里的人会说，叙拉古来了一个撒谎的人。

在接下来的日子里，托比为了证明自己的诚实，逢人便说他没有撒谎，他确实见到了老虎。可是说到最后，人们不仅见了他就躲，而且背后都叫他疯子。

为了证明自己确实见到了老虎，在到达叙拉古的第10天，托比带着打猎的工具来到卡塔尼山。他要找到那只老虎，并把那只老虎打死，带回叙拉古，让全城的人看看，他并没有说谎。

可是这一去，他就再也没有回来。三天后，人们在山中发现一堆破碎的衣服和托比的一只脚。经城邦法官验证，他是被一只重量至少在五百磅左右的老虎吃掉的。托比在这座山上确实见到过一只老虎，他真的没有撒谎。

这段碑文是不是柏拉图写的，考古学界没有给出确切的答案。重要的是这块碑文给予世人一种启示：世界上有许多不幸，都是在急于向别人证明自己正确的过程中发生的。那种急于去证明的人，其实是在寻找一只能把自己吃掉的老虎。

朋友，你是否曾为证明自己的正确或清白，去寻找过那只老虎？在事实和真理面前，真正的智者，都是走自己的路，任别人去评说的。

【情绪调节】

"难得糊涂"是一种智慧，只有饱经风霜、人生坎坷的人才能深得真谛；同时，"难得糊涂"也是一种境界，心中有大目标的人，自然对枝节杂碎不屑一顾，只着眼大方向，为全局负责，能做中流砥柱。"难得糊涂"需要超凡脱俗、胸襟坦荡、气宇轩昂、洒脱不羁、包容万象的气度。有人说糊涂是福，我们不妨偶尔也来点儿小糊涂。

第八章　控制愤怒情绪——不拿别人的错误惩罚自己

发怒是人之常情，但要学会用理智来控制，不要让怒火烧昏了头脑。一个善于利用愤怒的人，会把愤怒藏在心里，慢慢转化成一种惊人的力量，使自己默默地沉着前进，奋斗到底。反之，那些不善于利用愤怒的人，一旦遇到一点小刺激，就立刻大发雷霆，结果不但一无所成，而且常致失财伤身。请牢记：生气，就是拿别人的错误惩罚自己！

1. 用理智浇灭心头的怒火

愤怒是指某人在事与愿违时做出的一种惰性情绪反应，他的心理潜意识是期望世界上的一切事都要与自己的意愿相吻合，当事与愿违的时候便会怒不可遏。这当然是痴人说梦式的一厢情愿。

在愤怒时，人们犹如一头发狂的狮子，会给周围的亲人朋友带来痛苦。愤怒使家庭失和，眷属痛苦，亲友厌避。此外，人在愤怒情绪的支配下，往往顾及不到别人的尊严，甚至严重伤害他人的面子和情感。

有一个孩子，常常无缘无故地发脾气。于是，父亲欲擒故纵给了他一大包钉子，让他每发一次脾气就用铁锤在后院的栅栏上钉一颗钉子。

第一天，小男孩共在栅栏上钉了12颗钉子。后来，小男孩渐渐学会了控制自己的愤怒，栅栏上每天新增的钉子数目也少了。他发现控制自己的脾气比往栅栏上钉钉子要容易得多……终于有一天，小男孩没有在栅栏上钉下一颗钉子。

父亲又建议道："如果你能坚持一整天不发脾气，就从栅栏上拔下一颗钉子。"经过一段时间，小男孩终于把栅栏上所有的钉子都拔掉了。

父亲拉着他的手来到栅栏边，对小男孩说："儿子，你做得很好。但是，你看一看那些钉子在栅栏上留下的小孔，就算经过了很长时间它们也还将继续存在。同样地，当你向别人发过脾气之后，你的言语就像这些钉孔一样，会在人们的心中留下疤痕。你这样做就好比用刀子刺向了某人的身体，然后再拔出来。无论你说多少次'对不起'，那些伤口都会永远存在。"

你是否会在上述故事中的孩子身上找到自己的影子呢？其实，对他人口头上的伤害与肉体上的并没太大的差别，一时的愤怒也有可能对他人造成无法抹去的伤害，同时也给两人的关系造成不可弥补的缺憾。

有了怒火，怎么办？根据心理学家的建议，以下是两条行之有效且非常简便的方法：

（1）尽量推迟发怒的时间

如果自己在某一具体情况下总是动怒，那么先推迟 15 秒钟，下次推迟 30 秒钟再发火。不断延缓发怒时间，以致完全消灭怒气。

（2）写一份"动怒日记"

记下自己动怒的时间、地点、对象和原因。你要学会强制自己诚实地记录自己所有的动怒行为。坚持一段时间后，你很快就会发现，若是自己经常生气，光是要记录这些麻烦事就可迫使自己减少动怒的次数了。

如果你渴望提高情商，管理好自己的情绪，就不要放纵自己怒火的喷发，因为损害他人的物质利益犹可弥补，损害他人的感情和自尊却无异于自绝后路，自挖陷阱。

【情绪调节】

当你准备发怒的时候，先想想后果会是什么。如果你知道此时发怒对你有百弊而无一利，那么请不要逞一时之痛快，最好约束你自己，浇灭心头的怒火。约束愤怒并不等于压制愤怒，而是把愤怒引导为一种行为，用到增进自己的事业上来。

2. 别和人发生无谓的冲突

俗话说，在家靠父母，在外靠朋友，良好的人际关系应当是我们日常生活的追求之一。然而，人与人之间的摩擦却不可避免，有时甚至会发生冲突。

人际关系中的冲突与愤怒情绪相伴而生，而这时的愤怒不仅可能会将事态恶化，更可怕的是有可能破坏自己苦心经营的人脉关系，得不偿失。

事实上，有很多冲突仅仅是因为一点小事，而到最后却弄得双方僵持不下。对此，我们遇事要一忍再忍，时时关照大局。

在一家电影院门口，一位女士不小心踩了前面一位男士的脚，男士立刻火冒三丈，瞪着眼睛大叫："你瞎了眼睛，怎么走路呢？"

这时候，女士也不甘示弱，立刻回应道："怎么啦，想找碴打架吗？谁怕谁啊？"话没说完，两个人就扭打起来。结果围观的人越来越多，严重扰乱了公共场所的秩序，两个人弄得狼狈不堪，都吃够了苦头。

走路的过程中发生碰撞是很常见的事情，上面两个人都不甘示弱，最后动起手来，把一件小事搞得越来越复杂，这种做法并不可取。之所以会发生这种情况，与人们的心态有很大关系。这两个人不能容忍对方，所以遇到事情的时候没有追求和解的意识，而是一味地追求一时的快慰，只能使矛盾越来越突出。

日常生活中发生一些误解、摩擦和矛盾是在所难免的，通常我们只要具备遇事和解的心态，能够控制自己的愤怒情绪，就可以妥善处理与他人的磕磕碰碰，从而化干戈为玉帛。如果互不相让，一定要争强好胜，就容易使小摩擦演化成大问题，甚至在矛盾激化时酿成大祸，最后损人不利己。

有句话说得好，"纷争的起头如水放开，所以在争闹之先，必当止息争竞"。尤其是一些无谓的冲突，人们大多是为了争一时的长短，结果情绪失控以后，让矛盾一再激化，最后让自己十分被动。这就要求我们平时修炼自己的心性，关键时刻才能不"上火"。

（1）纠正认识上的误区

要控制那些不理性的思维，它会导致我们的头脑模糊昏聩，使我们丧失判断力和分析能力，从而更容易对他人发火。常见的不理性误区包括：武断、主观、贴标签等。

（2）培养不争的意识

每个人都要注意加强自己的道德修养，学会替对方着想，尊重对方的人格，从而建立起不争的意识。这样我们在遇到事情的时候就能保持冷静、谅解、宽容和大度。

（3）树立大局的视野

遇到矛盾的时候，要考虑到自己更长远的目标。也就是说，如任由自己胡闹，我们能否承受将要出现的结果。意识到这一点，就能站在大局的高度考虑问题，采取恰当的方法解决问题，而不是与人争斗。

（4）凡事耐心倾听

完全投入地倾听他人，包括你的身体表现：看着对方的眼睛，跟着对方说话的节奏，这能帮助你找到你们之间的分歧所在。给对方一个解释的机会，给自己一个缓冲的时段，也许结果会不同。

【情绪调节】

与朋友相处的时候遇到矛盾不能我行我素，而要放下身段追求和解；在工作中与同事发生冲突时，要采取协调的手段解决问题。以理解的眼光看别人，懂得大千世界是五彩缤纷的，人也是各种各样的，你才能以宽厚的心胸得到别人的拥戴。

3. 冲动的时候要踩急刹车

愤怒就像是在喝酒，一旦你喝了第一杯，就会一杯接着一杯地喝下去，越喝越醉，就像酒瘾一样，让易怒的人失去控制，一旦陷入愤怒的情绪里就无法自拔。

2006年11月11日晚上，某地发生一起持刀杀人案。村民王某被人砍死在家中，他的妻子和儿媳也被砍伤。死者身中7刀，而且刀刀致命，作案手段极其残忍。

接警后，民警在第一时间赶到了现场。此时，凶手已经畏罪潜逃，留下了作案用的砍刀和摩托车。在被害人指认下，经过民警周密布控，犯罪嫌疑人林某被抓捕归案。

犯罪嫌疑人林某供认："我也是一时冲动，为了一口气。"原来，林某曾与被害人王某的女儿谈恋爱，因年龄差距大而遭到女方父母反对。

而更让林某怀恨在心的是2005年底发生的一件事。对此，犯罪嫌疑人林某是这样说的："我去（他家）就坐在那里泡茶，我只顾我自己泡茶，王某不理我就出去了，过了四五分钟就有十多个人拿着木棒子过来打我。"林某说，这事发生之后，他就寻思一定要把这个面子给挽回来。

从那时起，林某就想报仇，修理对方。于是，就出现了开头这一幕。一时冲动，一条人命，破坏了两个原本美好幸福的家庭。

都说"冲动是魔鬼"，既是魔鬼，为何还有那么多人铤而走险，做些让人不解的事？如果不是因为冲动，血气方刚的他们亦不会伸出罪恶之手，酿成无法挽回的血案。世界上没有后悔药，事后捶胸顿足地懊悔也于事无补，即便用一生的时间，都难以洗刷烙印在心灵上的污点。

其实，冲动是一种最无力也最具破坏性的情绪，它给人带来的负面影响可能远远大于我们的想象。

使自己生气的事，一般都是触动自己的尊严或切身利益的事情，很难一下子冷静下来，所以当你察觉到自己的情绪非常激动，眼看控制不住时，可以用及时转移注意力等方法自我放松，帮助自己克制冲动的情绪。

那么，怎样才能使你的火气平息呢？

（1）多角度思考帮助放宽心境

有一种理论认为，把火气发泄一通，将会使你好受一些。但是，心理学家认为，这是一种最糟糕的做法，而且根本就行不通。他们为此向人们提出了一种名为"重新判断"的方法，即自觉地从一种比较积极的角度去看待他人对你的"冒犯"。当你遇到有人超车时，如果你能对自己说"这个人大概有什么急事吧"，或者说"也许我的车开得的确太慢了"，那么，你就不至于会发火了。心理学家在经过调查后发现，"重新判断"的确是一种极为有效的控制不良情绪的方法。

（2）空间距离的调整也不失为一个好方法

当我们对一件事或一个人忽然感到气愤并可能失去控制时，应该马上离去，"眼不见心不烦"。比如，你到商店去买东西，遇到售货小姐爱理不理的态度，会渐渐愤怒起来。这时，你最好嘀咕一声"死了张屠户，不吃浑毛猪"，再选一家商店去。英国心理学家布洛认为，美感取决于人与审美对象之间距离的远近。那么，恶感也是如此。

（3）息怒还有一个良方是"坐下来"

实验表明，一个人在情绪激动时，血液中去甲肾上腺素的含量会明显增高，这种成分会大大加快血液循环，使人活力倍增，于是，他就不甘于座位空间的限制。而当一个人全方位地舒展他的躯体和四肢以后，随着活动空间的大幅度扩展，他的血液循环又进一步得到加速的刺激，从而使争吵时所需要的生理能量获得阶段性的供应。发脾气是一种情绪发泄，在生理上依赖于一定的能量供应。如果我们能抑制自己的生理能量供应，发怒的程度也会随之下降。坐下来之所以能成为息怒良方，其原因也就在此。

【情绪调节】

想象自己的嘴上贴了一个密封胶带，反复告诉自己，生气的时候千万别立刻发泄，否则就会伤了自己。愤怒是人的弱点，而不像很多人认为的是一种勇气。大胆和勇敢，不是动辄发怒，心灵真正强大的人能够保持沉默，而非暴躁和敏感之人。

4. 妥善处理人际摩擦

一个人每天都要接触他人，在人际关系中难免发生磕磕碰碰。小摩擦处理得好，可以化干戈为玉帛，处理不当，可能酿成大祸。绝大多数发脾气、斗脾气者的结局，往往都不怎么妙。因此，许多人这样评价善发脾气者："脾气来了，福气走了。"这话虽然不中听，但事理的确如此。

唐先生每天骑电单车上下班，在车流拥挤的道路上，总少不了磕磕碰碰。每次与别人发生碰撞，他心里总是很恼火，接着便双方互相埋怨，有时甚至升级成口角冲突。

一天晚上，他骑电单车过栖霞路，在一个丁字路口准备左转时，前面过来一辆摩托车，速度挺快。由于避让得不够默契，双方便赶紧刹车，但还是轻轻碰上了。

骑摩托车的是个中年男人，没说话，站起来看了看碰撞的位置。唐先生此时一肚子的火，"交叉口也骑得这么快！"抱怨之后，又朝他瞪瞪眼睛，心想绝对不能服软。

"路这么宽，能碰到一起也是缘分，不过我们就擦了一下，看来缘分还不深。"对方回应的是一句俏皮话和满脸的笑容。

这个回应让唐先生很是意外，第一次听说这也叫缘分。顿时，唐先生紧绷的脸也情不自禁地露出了笑容，火气立马消退得一干二净。

一句幽默的背后，是大度与宽容，是退一步海阔天空的智慧。生活中，人与人之间难免会遇到小摩擦，不妨用沉稳的心态对待，用宽容来化解，让人际关系变得更融洽。相反，如果大动肝火，那么小摩擦就会变成大矛盾，直至无法收场。

由此可见，一个人要在心理上宽容他人，多一分理解，以诚待人，以情感人，以理服人，不要被一时的愤怒情绪所左右。这样做，就能让人际摩擦消失于无形，不让自己因为愤怒而吃亏。

所以，当我们感到生气、焦躁或是不安的时候，不要急着往前冲，请后退两步吧。后退两步，并不表示我们停滞不前，甘于懦弱，而是可以让我们的视野更开阔，助我们把情况分析得更透彻，从而做出正确的判断。

而且，因为你后退两步，许多矛盾便会一下子化解得无影无踪，从而让你拥有海阔天空的心境。"退步"是一种智慧，是一种胸怀，是一种宽容，是一种高尚，是一种修养。世上的事，往往并不一定要争个你死我活，谁高谁低。

【情绪调节】

怎样才能做到妥善处理和别人的摩擦呢？这就要求我们自觉加强自身道德品质修养，学会替对方着想，尊重对方的人格，有互相保护、互相帮助的愿望和意向，做到遇事冷静、谅解、宽容和大度。最重要的是要诚信待人，不必太争强好胜，不与他人计较得失。还要有足够的自信及时刻面带微笑，这样就会把人际关系处理得很好！

5. 与其愤怒，不如自嘲

美国著名演说家罗伯特，头秃得很厉害，在他头顶上很难找到几根头发。在他过 60 岁生日那天，有许多朋友来给他庆贺生日，妻子悄悄劝他戴顶帽子。罗伯特却大声说："我的夫人劝我今天戴顶帽子，可是你们不知道光头有多好，我是第一个知道下雨的人！"这句嘲笑自己的话，一下子使聚会的气氛变得轻松起来。

对于每个人而言，生命中总会有不尽如人意的时候，问题在于怎样面对。

人力不能改变时，要面对现实，与其怨尤、发怒，不如调整心态，面对现实，在既有的条件中去发掘机会。而自嘲作为一种生活艺术，它具有干预生活和调整自己的功能，它不但能给人增添快乐，减少烦恼，还能帮助人更清楚地认识真实的自己，战胜自卑，应付周围的众说纷纭和评头论足带来的压力，摆脱心中种种失落和不平衡，获得精神上的满足和成功。

20世纪50年代，有一次，美国总统杜鲁门会见麦克阿瑟。后者是一位十分傲慢的将军。会见中，麦克阿瑟拿出他的烟斗，装上烟丝，把烟斗叼在嘴里，取出火柴。当他准备划燃火柴时，才停下来，转过头看看杜鲁门总统，问道："我抽烟，你不会介意吧？"显然，这不是真心征求意见。在他已经做好抽烟准备的情况下，如果对方说他介意，那就会显得粗鲁和霸道。这种缺乏礼貌的傲慢言行使杜鲁门有些难堪。然而，他只是狠狠地盯了麦克阿瑟一眼，自嘲道："抽吧，将军，别人喷到我脸上的烟雾，要比喷在任何一个美国人脸上的烟雾都多。"

由此，我们看到，当令人难堪的事实已经发生，运用自嘲，能使你的自尊心通过自我排解的方式受到保护，不至于失去平衡，并且，还能体现出自己的大度胸怀，有助于在交际中得分。而如果选择愤怒，只会导致局面更僵，给自己和他人都造成极大的困扰。

自嘲在交际中具有特殊的表达功能和使用价值。概括起来，主要有下面4个方面：

（1）运用自嘲，倾吐郁闷

在生活、工作中，遇到不公正的待遇，或受到不合理的评价时，自己气不过，但又不便直接说出时，就可运用自嘲，以委婉暗示的方式，把内心的郁闷、不满吐露出来，以正视听。

（2）运用自嘲，摆脱窘境

在交际中，当对方有意无意地触犯了你，把你置于尴尬的境地时，借助自嘲摆脱窘迫，是一种恰当的选择。

（3）运用自嘲，打破僵局

在与人交涉事务时，运用自嘲，有时能收到以退为进的效果。也就是说，通过自嘲，你可以破解眼前的僵局，掌握主动权。

（4）运用自嘲，增加幽默感

大凡具有幽默感的自嘲，往往是将自己的缺陷夸张化和形象化，很能表现自己的坦诚品格，易于得到对方的信赖和好感。

【情绪调节】

要注意，自嘲虽具有一定的调节功能，但也有明显的局限性，它充其量不过是一种辅助性的表达手段，不宜到处滥用。比如，对话答辩、座谈讨论、调查访问等，就不宜使用自嘲，而应直抒胸臆、坦率诚实地吐露思想观点，介绍情况，回答问题。如果不看场合时机，随意使用自嘲，就会弄巧成拙。

6. 把嘲讽当作耳旁风

"走自己的路，让别人去说吧"是但丁的一句名言。它告诉我们，有些事情不要放在心上，更不能为之斤斤计较。要做到这一点，是需要智慧的。

在人生的旅途中，常常会遭到别人的非议和异样的眼光，我们应以平静的心态去包容它，不要因为别人的刺激而愤怒。因为，流言蜚语就像影子一样，只要有太阳挂在我们的头顶，他们就会畏缩在我们的脚下。

"诸葛亮骂死王朗"是《三国演义》中妇孺皆知的故事。蜀国丞相诸葛亮一出祁山，魏国司徒王朗自吹自擂，以为凭借自己的三寸不烂之舌就能阵前劝降诸葛亮，没想到反被诸葛亮一番羞辱，急怒攻心，摔死于马下。

同样是面对诸葛亮的嘲讽，司马懿的心理素质就好得多，他应对自如，显示了一个卓越领导人应有的情绪控制功夫。

诸葛亮六出祁山，火烧葫芦谷，差点要了司马父子的命，司马懿却拒不出战，和诸葛玩消耗战。后来，诸葛亮想了一计，送女人裙钗、胭脂水粉给司马懿，激他出战。结果，司马懿识破诸葛亮的计谋，虽然心中恼怒，但只是当着使者说了一句："孔明把我看作女人了吗？"并厚赏使者，向使者询问诸葛亮身体怎么样，每天做些什么，从而判断诸葛亮病势严重，命已不长。

由此可见，面对嘲讽，我们要分析对方的意图，他为什么要嘲讽你？想让你伤心、愤怒！既然知道了对方的意图，你还会轻易中计吗？

面对他人的挑衅，比愤怒更有效的是，脸上带着灿烂的笑容对讽刺你的人说："你也许是对的！"如果你不能保证自己笑得灿烂，那么，装作听不到他的话，转身离去也是一个很好的选择。

总之，我们要记住：别把他人的话放在心上，学会远离愤怒，"办法"就开始冲你遥遥招手了，快乐就会立即来到你的身边，而嘲讽就会得到它应有的结局——成为毫无意义的耳旁风。

【情绪调节】

面对他人的挑衅，你要这样做：调动理智控制自己愤怒的情绪，使自己冷静下来。在遇到较强的情绪刺激时应强迫自己冷静下来，迅速分析一下事情的前因后果，再采取表达情绪或消除愤怒的措施，尽量使自己不陷入冲动鲁莽、简单轻率的被动局面中。

7. 学会疏导你的怒气

人情绪中有两大暴君，即愤怒与欲望，与单枪匹马的理性抗衡。感性与理性对心理的影响相反，人的激情远胜于理性。一个人必须学会自我调控，高情商的重要标志是——学会制怒，不轻易受到伤害。

人在愤怒时千万要注意两点：

第一，不可恶语伤人，这不同于一般的对事情发牢骚，会给别人留下深刻的伤害；

第二，不可因愤怒而轻泄他人的隐秘，这会使你不再被信任。

总之，无论在情绪上怎样愤怒，但在行动上千万不能做出无可挽回的事来。人在受伤害后最好的制怒之术是等待时机，克制忍耐，把复仇的希望寄托于将来。

我们对人所造成的伤害，再多的弥补往往也无济于事，宁可事前小心，而不要事后悔恨。所以在生气的时候，不管怎样总要留下退一步的余地，以免做出无法挽回的事情来。

在现实生活中，有人只顾一时的口舌之快，有意无意地对他人造成了伤害，殊不知这些伤害就像钉孔一样，也许永远都无法弥补。

愤怒是情绪中可怕的暴君，愤怒行为会伤害他人，也会伤害自己。培根说："愤怒，就像地雷，碰到任何东西都一同毁灭。"如果你不注意培养交往中必需的情商，培养自己忍耐、心平气和的性情，一碰到"导火线"就暴跳如雷，情绪失控，即便你有再好的人缘，也会因此全部被"炸"掉。

心理学认为，生气是一种不良情绪，是消极的心境，它会使人闷闷不乐，低沉阴郁，进而阻碍情感交流，导致内疚与沮丧。有关医学资料认为，愤怒会导致高血压、胃溃疡、失眠等。据统计，情绪低落、容易生气的人，患癌症和神经衰弱的可能性要比正常人大。同病毒一样，愤怒是人体中的一种心理病毒，会使人重病缠身，一蹶不振。可见愤怒对人的身心有百害而无一利。

怒气似乎是一种能量，如果不加控制，它会泛滥成灾；如果稍加控制，它的破坏性就会大减；如果合理控制，甚至可能有所创益。

研究表明，最后失去控制、大发雷霆的人，通常都经历了情绪累积的过程。每一个拒绝、侮辱或无礼的举止，都会给人遗留下激发愤怒的残留物。这些残留物不断地积淀，急躁状态会不断上升，直到出现"最后一根稻草"，个人对情绪的控制完全丧失，勃然大怒为止。所以制怒的最好方法不是压抑自己的怒气，而是进行恰当的疏导。

【情绪调节】

如果长期以来你总是在生气，那就要赶紧处理一下自己的愤怒了，因为很多人并不知道过去发生的事情会对现在造成影响。

你不妨仔细梳理一下从小到大的成长经历——父母、老师、同学、邻居、初恋情人、男／女朋友、丈夫／妻子、孩子、同事、上司，或者其他一些人——他们有没有伤害过你？把那些让你感到愤怒的事情——列出来，写在纸上。然后，你要问问自己：关于这个愤怒，我以前是怎么处理的？是否妥当？如果没有处理过，那就要赶紧去做。问题解决之后，或许你会发现一个焕然一新的自己。

第九章　清除焦虑情绪——自我减压，生活可以更轻松

焦虑，是现代人的通病。为了房子伤神，为了票子奔波，为了孩子拼命，越来越大的压力让许多人对现实充满了不满，对未来充满了恐惧。更可怕的是，这种焦灼的状态，正在侵蚀我们的身心健康。其实，这些压力，有些是客观存在的，有些是我们给自己施加的，不管怎样，给自己减减压，生活可以变得更轻松。

1. 说出压力，清理情绪垃圾

并非所有的压力都对人们的生活、学习、事业有益。凡事不可过度，过度的压力不仅影响人们的身心健康，还会对人们的生活、事业、学习产生极坏的影响。因此，我们要学会控制自己的情绪，避免因过度的压力而影响自己的生活。

很多人都有这样的体会，在有烦恼、不高兴的时候，找朋友或者亲人述说一番之后，心情就变得好起来。这里面的道理有很多。首先，说话的过程就是宣泄的过程，自己有了想法，没有输出的渠道，憋着就很难受。其次，说出来也是在讨论问题，也许在听别人的意见时会获得解决方案，哪怕得到一点儿启发也是好的。所以有压力需要说出来，不要憋在心里。

张女士从事财务工作，工作比较枯燥机械。因为从小就性格内向，所以不

太合群，朋友极少。毕业后三年来一直在不停地找工作，换工作，每次换工作都是由于人际关系问题，因为她的不合群，一般老板都认为她缺乏团队合作精神，所以试用期一结束就被炒掉。

这三年的经历造成张女士严重缺乏自信，同事觉得跟她在一起压抑郁闷，也不爱跟她说话。除了电脑以外她对什么都没什么兴趣，情绪低落，忧心忡忡，饭也吃不下，也不愿出门，生存的压力逼得她喘不过气来。

看着张女士的苦闷，她的父母也忧在心头。后来抱着试试看的态度，给她介绍了一个男朋友，没承想两人见过几次以后还真成了恋人。后来男友经常带着她参加社会活动，她的心情也开朗了很多。最后在男友的开导下，张女士主动将心里的烦恼说了出来，男友仔细地听完之后，非常诚恳地告诉她："你其实没有任何问题，你的人品和技能都很优秀，就是不爱和别人交流，找不到工作也是暂时的，慢慢来，一切都会好起来的。"

随着男友一些刻意的安排，张女士逐步尝试和人主动打招呼。近一年之后，张女士情绪已经彻底好转，白天有精神了，脸上也有了幸福的笑容，愿意出门了，并且在一家不错的公司获得了一份工作。

有了烦心事，或者因为一些奇怪的想法而心事重重时，如果不说出来解决掉，只会加重心理负担。反之，再难以解决的问题，都及时说出来，听听别人的意见，就能放松自己，减轻压力，也就不会有焦虑情绪了。在上面的故事中，张女士在男友的引导下说出了心里的烦恼，最终摆脱了忧虑的情绪。中国有些地方的民间有一种说法，一个人晚上做了不好的梦，早上对人说出来，梦所预示的灾难就会化解掉。这虽然看似有些迷信，但如果以上述心理学原理来分析，其中也不乏科学道理。因为把不好的梦对人说出来，其实就是把心里的压力释放出来，它会让你以更好的心态去处理所面临的问题。

把内心的压力说出来，就是"清理"。医学家和心理学家建议，你可以对自己说，或对着镜子里的自己说。"自我对话"的目的，是帮助自己对不合逻辑、不合理的思想保持自觉。

譬如，把一件小事看成了天大的事情时，你就对自己说："这件事情并不重要，也不复杂，不用老惦着。"对某个人或某件事有情绪化的、夸大其词的念头时，你就对自己说："注意呀，我有过处理这个问题的经验。"对某些事物充满疑虑或者不满意时，你就对自己说："情况还没有搞清楚呢，有时间我再问问，现在着哪门子急呀？"

千万不要小看这些对自己的念头做清点时的"言语结论"，这些话说出来后，就会使人截断负面思想和情绪的自我渲染扩大，增加自信，避免在情绪上陷入过度的敏感、自我责备、紧张、自怜，甚至于绝望之中。

研究表明，这一类"用有声言语下的结论"，对身体、心理有很大的引导、定型、安抚作用，如同脸上常挂笑容，心情就会好起来。从这个意义上讲，说出压力是个好习惯，应该受到赞同和鼓励。

【情绪调节】

感觉千头万绪，不知所措时，找一位知心好友，或专业辅导员，或有经验的长辈，说出内心的恐惧和问题。有时候，我们面临的问题并不严重，只是在心慌意乱时无法冷静思考，如果能够经过倾吐、发泄，或听听别人的意见，看清问题的症结所在，找出解决方法，即可豁然开朗。

2. 寻找你的社会支持

一个人在自己的社会关系网络中，经常需要来自他人的物质和精神上的帮助和支援。一个完备的支持系统包括亲人、朋友、同学、同事、邻里、老师、上下级、合作伙伴等，当然，还应当包括由陌生人组成的各种社会服务机构。

内心充满焦虑的时候，不要忘记我们的社会支持系统。每个人都不是孤身奋战的，亲人、爱人、朋友等都可以分享我们的快乐和喜悦，承担我们的悲伤和痛苦，他们是我们的社会支持系统。

对每一个上班族来说，如果能在这几方面有足够的社会支持，将有利于他们克服工作和生活中的困难。

陈群杰多年前从河南一所卫校毕业，2008 年底，他到广州一个工厂当保健医生。那时一切比较顺利，但一场意外打乱了他平静的生活。

原来，在给一位发烧工人打点滴后，工人出现了特殊症状，"我从未遇到过这种情况，束手无策。工人被紧急送往附近医院后抢救过来。这不完全是我的失误造成的，但周围的人都认为和我有关，不再信任我。我心里很不舒服，只好离开那里……"

后来，陈群杰和一个老乡来杭州，但他没找到向往的工作——工厂保健医生，因为杭州工厂是不配备保健医生的。随身携带的两三千元钱花光后，万般无奈的陈群杰只好到一家工厂做保安。

接着，陈群杰陷入焦虑的状态，最后不得不求助于一位做心理咨询的吴教授。吴教授问陈群杰："现在打算做什么？"

陈群杰说他很想考临床助理医生资格证，如果考过了，以后的生活会顺利很多。陈群杰明白自己需要看书，可无法专心，甚至一看书就走神，"我是工厂保安，很空很无聊，经常胡思乱想，也不知找谁说话。实在憋得慌，我就到一家修车店兼职，没工资，只管一顿饭，我就想把自己弄得筋疲力尽，这样才不会乱想。"

"主要想些什么？"吴教授问。"想自己考过了会如何，考不好怎么办，想自己为什么变得这么没用……什么都想……"但陈群杰不敢告诉父母，他觉得对不起父母，"我也不愿意和同学联系，他们都过得比我好，我觉得没面子。今天是我说话最多的一天，平时身边没人可以和我谈天。"

吴教授认为陈群杰是个不错的小伙子，但在认知上过于绝对化、片面化，他总是用"不允许""不应该"来评价自己，说明他总是把事情的负面性放大，属于比较悲观的性格，会为了一点失误而否定自己。

其实，生活中有许多人都有陈群杰这样的经历。他们缺乏社会支持和情感支持，做事的决心往往不够大。如果他们与家人住在一起，就有一个社会支持系统，或许就不会感到极度的空虚、无助、失望。

人生的终极目的是得到幸福的感受，是获得精神上的满足和自我价值的认可。多少人竭尽全力追求成功和卓越，有时候，一项项接踵而至的成功的确可能在某种程度上满足我们内心的需要，但是更高的目标、更强的竞争对手仍令我们望而生畏。在成功只属于少数人的残酷规则里，又有多少人心力交瘁？

许多时候，与其用不断取得成就来满足自我，不如启动我们的"社会支持系统"，从良好的人际关系中获得温暖、爱、归属感和安全感，这样就算是平凡地度过一生，也可以获得很大的幸福。

【情绪调节】

对于被忧虑情绪困扰的我们而言，社会支持犹如雪中送炭，带给我们持久的温暖、安全，同时帮助我们重振生活的信心、勇气和力量。他们的存在，提升了我们的幸福感和成就感，使我们的人生变得完满。亲人通常能够给我们物质和精神上的帮助，朋友则较多地承担着情感支持，而同事及合作伙伴则与我们进行业务方面的交流。

3. 倾诉：分忧则忧半之

一位主持过数百个以爱和人际关系为主题的工作室的心理治疗顾问说："不管是害怕或其他消极情绪，能毁掉一段关系的唯一方法，是我们不让对方知道自己的感受。"

的确，将情绪化为语言非常重要，也许你以为说出来一定没好结果，但结果可能恰恰相反。大家都想坦诚，和别人开诚布公地分享自己的情绪，这是一件好事。对方会因为你的坦然，从而互相包容弱点，对彼此更加欣赏。

如果在人际关系中多做情绪交流，即使是恶劣的情境也能得到改善。

秀芳在生丈夫正凯的气。他们都是上班族，秀芳觉得正凯并未与她分担家务。她知道正凯对她的"河东狮吼"并不理睬，所以她要和他进行一次交流。

"正凯，我需要和你谈谈。我上了一整天的班，又要做大部分家务，我觉得我快崩溃了。"即使她尽了最大努力，正凯还是会采取防御姿态。

"噢，你又来了！好吧，你告诉我，你要我怎么做？"

秀芳转换成反射式倾听："听起来你在为这件事而生气。"

正凯说："不是，但每回我都认为我已经很努力在做了，却好像永远不够似的。"

秀芳继续停留在反射式倾听中："所以，你也觉得受不了？"

正凯说："我可以感受到。我的问题是，我回到家时也是一样非常疲惫。是否有个方法可以解决这个问题？"

秀芳和正凯通过情绪上的交流帮助他们消减了彼此的怒气，也帮助他们化解了彼此的心结。许多情况下，夫妻、朋友、手足和商业伙伴都需要进行情绪上的交流。

在进行情绪交流的过程中，我们要应用接受、选择、力行的"三步曲"原则：

（1）接受自己的情绪

找出一项你想和别人交流的感觉，可以是单纯地分享以求回馈，或者表达在人际关系中，像是生气或伤心的情绪。完全接纳你所感受的情绪以及你的情绪是准确无误的事实。

（2）选择新的目的、想法和情绪

检验你交流情绪的目的。举例来说，如果你生气，你是想要获胜、掌控、报复还是保护你的权利？探求这些目的的结果是什么？你是否愿意接受这种结果？你还能选择什么新的目的？你的目的可以是增加合作，或者确信你的愿望受到尊重。确定你的想法，而后在生气或伤心的例子中，检验你想法中的敌意部分，进一步检查你是否在要求、抱怨和责怪。你如何改变你的想法从而使它成为更理性的思考？你能找出此情形中的任何幽默感吗？在你的笔记本中，记录你的这些观察。

（3）力行你的新选择

一旦你掌握了自己的情绪状态，必然知道如何选择积极的情绪。接下来，你就要克制不良情绪，使自己保持良好的情绪状态了。最后的行动，至关重要。

【情绪调节】

焦虑本身常常是一种模糊不清、莫名其妙的担心。因此有焦虑感的人，最好能把自己的担心向亲朋好友倾诉出来。如果没有合适的倾诉对象，也可用笔写在一张纸上。如此可有以下收效：第一，把混淆不清、令你心乱如麻的问题理出头绪；第二，原以为是重要无比的事情，却可能让你忽然觉得"不过如此"；第三，原以为是不大的事情，竟是关键所在。

4. 不要预支明天的烦恼

听过一个故事，说是死神来到一个村落，向那里的人宣布："明天我要带走 100 个人的生命，至于是哪 100 个人，谜底就留待明天揭晓吧。"

次日，当死神再次回到村落准备带人的时候，意外地发现这个村落之中，一夜之间竟然死了 1000 个人。

为了明天而忧虑，其破坏力何等之大！哈里伯顿说："怀着忧愁上床，就是背负着包袱睡觉。"

有个小和尚，每天早上负责清扫寺庙院子里的落叶。

在冷飕飕的清晨起床扫落叶实在是一件苦差事，尤其在秋冬之际，每一次起风时，树叶总随风飞舞落下。

每天早上都需要花费许多时间才能清扫完落叶，这让小和尚头痛不已。他一直想要找个好办法让自己轻松些。

后来有个和尚跟他说："你在明天打扫之前先用力摇树，把落叶通通摇下来，后天就可以不用辛苦扫落叶了。"

小和尚觉得这是个好办法，于是隔天他起了个大早，使劲地猛摇树，这样他就可以把今天跟明天的落叶一次扫干净了。一整天小和尚都非常开心。

第二天，小和尚到院子一看，不禁傻眼了。院子如往日一样落叶满地。

老和尚走了过来，意味深长地对小和尚说："傻孩子，无论你今天怎么用力，明天的落叶还是会飘下来啊！"

小和尚终于明白了，世上有很多事情是无法提前的，唯有认真地活在当下，才是正确的人生态度。

确实，生活中我们也常常和小和尚一样，企图把人生的烦恼都提前解决掉，以便将来过得更好、更自在，活得无忧无虑。而实际上，很多事是无法提前完成的。过早地为将来担忧也于事无补，只能让自己觉得非常失败。

人生里有93%的烦恼都不是必需的，它们只存在于自我的想象中，往往并不会出现。许多人心里潜藏着一只叫作"烦恼"的小蚂蚁，常常跑出来吃掉自己难得的快乐。

因此，不要预支明天的烦恼，不去想着早一步解决掉明天的问题，才能使自己过得轻松。若怀着忧愁过每一天，设想自己可能遇到的麻烦，只会徒增烦恼。

【情绪调节】

明天会有什么烦恼无法预知，因此你今天是无法完全解决的。唯有保持心灵的坚强，即便有任何困难出现，也可坦然地去面对，去解决。况且，再幸福的人也有烦恼，再不幸的人也有快乐。世间的每个人都有喜怒哀乐，抱着忧虑情绪不放，只会把快乐丢弃。

5. 转压力为动力，焦虑也随之消除

压力如同水——可载舟，也可覆舟。如果能把压力变成动力，压力就是蜜

糖；如果把压力憋在心里，让它无休止地折磨自己，压力就是砒霜。

许多时候，前进的动力就来自各方的压力。而"压力能够变动力"，也有物理学上的依据。下面这个故事，就很有说服力。

传说美洲虎是一种濒临灭绝的动物，世界上仅存十几只，其中秘鲁动物园里有一只。秘鲁人为了保护这只美洲虎，专门为它建造了虎园，里面有山有水，还有成群结队的牛、羊、兔子供它享用。奇怪的是，它只吃管理员送来的肉食，常常躺在虎房里，吃了睡，睡了吃。

有人说："失去爱情的老虎，怎么能有精神？"为此，动物园又定期从国外租来雌虎陪伴它。可是美洲虎最多陪"女友"出去走走，不久又回到虎房，还是打不起精神。

一位动物学家建议说："虎是林中之王，园里只放一群吃草的小动物，怎么能引起它的兴趣？"动物园里的管理人员采纳了专家的意见，放进了三只豺狗，从这以后美洲虎不再睡懒觉了。它时而站在山顶引颈长啸，时而冲下山来，雄赳赳地满园巡逻，时而追逐豺狗挑衅。

美洲虎有了攻击的对手，也就有了压力，有了压力就使它精神倍增，与以前大不一样了，才变得生龙活虎。大自然里是这样，社会生活中也是如此。

一位出生在普通人家的年轻人十分喜欢文学，但他在30岁之前从来没写出过令自己满意的作品。他的家人希望他能经商，这样生活可以更富足些，但是他却希望能够写作。他最大的希望就是有人能提供一年的生活费用给他，让他能够安稳地写作。

但残酷的生活让他不得不走上经商的道路，他先后办了不少厂子，但都失败了。万般无奈，他只好走上卖字求生的还债之路。一年之内，他发疯似的写下了3部小说，但那些书反响平平，销售也不理想，而且因为版权得不到保护，即使小说写成，也不足以解决生计问题。

接着，他改做记者，为多家日报撰稿，他每天写大量的文字，换来一些微薄的稿酬。

债主天天上门逼债，他绝望过，也想过放弃。但他十分崇拜白手起家、意志坚强的拿破仑，他把拿破仑的画像放到书桌前，鼓励自己必须坚持下去。

于是，他又开始创作小说。他一天睡四五个小时，喝大量咖啡，每天晚上8点上床，午夜起来写作，直到早晨8时。为了让自己的文字尽快变成金钱偿还债务，每天早餐之后，他就把手稿送到印刷厂。因为创作时间仓促，文章中经常有错字和文理不通的部分，他只好对校样改了又改，有时甚至大段大段地重写。

他在30岁之后的生活几乎全是为债务而发疯似的写作。在后来的20年内，他创作了一百多部小说，其中的《人间喜剧》《高老头》等数十篇小说成为传世之作。在他逝世的前两年，他还在修改二十多年前的手稿。

这个人就是法国著名的作家巴尔扎克。巴尔扎克能从一个平庸作家成为著名作家，动力竟来源于那些巨额债务。为挣钱还债，他写作写作再写作。很难想象一个伟大作家的创作动机竟然是这样，但这个故事却让我们明白，压力可以成为成功的催化剂，它可以催生许多奇迹。

人活在世上，虽然无法逃避生活和工作中的种种压力，但是却有办法去战胜它，而战胜它的最佳办法就是，先放"心"面对，再用"心"解决。所谓用"心"解决，就是要弄清压力的产生根源。人们普遍认为压力是问题引起的，其实引起压力的真正原因是：一个人对问题的态度。事情的本身并无绝对的压力可言。因此，感受到压力的时候，最好的做法是找一个出口，尝试寻找解决问题的方法，这样不但有助于及时化解难题，还能转移注意力，变压力为动力，从而促进个人进步。

【情绪调节】

把压力呼出去，把动力吸进来，必须改变我们的处事态度。当你面对无法摆脱的忧虑时，就应该反复地对自己说："这是对我的挑战和考验。""这是催促我努力学习，积极工作，奋发向上的动力。"只要换个角度去思考，态度一改变，压力很快就能转化为动力。

6. 放慢前进的脚步，欣赏路上的风景

现代社会仿佛一夜间进入了快节奏。走在街头，满眼充斥着"快餐""快巴""速递"之类的字眼和广告招牌。而电视速配征婚、列车大提速甚至在城市中颇为流行的闪婚等社会和经济现象，更是成为人们街头巷尾热议的话题。

人们行色匆匆地奔走在路上，熙熙攘攘而来熙熙攘攘而去，不肯做稍稍停留，一个"忙"字几乎成了我们每个人的口头禅。

当下，每个人都在为各自的人生目标，为所谓的成功奋斗——为事业，惨淡经营；为金钱，疲于奔命；为孩子，劳碌奔波；为家庭，日夜兼程。得到的与得不到的，每天是处心积虑；得到多的与得到少的，整日里忧心忡忡。

仔细想一想不难发现，童年时那一颗透明心，少年时那一颗纯真心，青年时那一颗火热心，早已在疲于奔命的追赶中不见了踪影。

内心充满了焦虑，并不是好事，还是让灵魂跟上我们的脚步吧。放慢自己

的前进步伐，换一种心情，休息一下，放松一下，会有前所未有的幸福感。

有一个年轻人身心疲惫，于是询问上帝："为什么我活得这么累啊？"上帝说："你牵一只蜗牛去散步吧！"

蜗牛爬得实在太慢了。年轻人不断地催它、唬它、责备它。它却用抱歉的目光看着他，仿佛在说："我已经尽全力了！"

年轻人又急又气，就去拉它、扯它，甚至踢它。蜗牛受了伤，反而越爬越慢了，后来干脆趴在那里不肯动了，而年轻人已筋疲力尽，只好看着它干瞪眼。

无奈之余，他不禁有些奇怪：上帝为什么叫我牵一只蜗牛去散步呢？

又有一天，当年轻人再次感觉到焦虑的时候，上帝还派他牵那只蜗牛去散步。看着蜗牛那蜷缩的身体、惊恐的眼睛，他不禁起了怜悯之心，不忍再催它、逼它，干脆跟在它后面，任蜗牛慢慢地向前爬。

咦？这时候，年轻人突然闻到了花香，原来这里是花园。接着，他听见了鸟叫虫鸣，感到了温暖的微风，还看见了满天的星斗。陶醉之余，无意中向前一看，呀！蜗牛已爬出了好远。等年轻人跑步赶上它时，它用一种胜利者的姿态在迎接他。

直到这时候，年轻人才忽然明白了："原来上帝不是叫我牵蜗牛去散步，而是叫蜗牛牵我去散步呀！"

细细品味，"我牵蜗牛去散步"和"蜗牛牵我去散步"有什么不同呢？其实最大的不同就是要我们对"蜗牛"多一点"宽容"，多留给它们一点"自己爬行"的时间和空间，这样，才能给我们放慢脚步，领略人生风景的时间与心情。

生活不容易，许多人忙忙碌碌，不得安宁。因此，我们不妨停下急行的脚步思考一下人生，反思一下自己的作为，也许压力和焦虑就会减轻许多。

其实，生活的智慧就是，要在忙碌之后懂得放缓脚步。许多人就是在忙碌后顿悟："整日里苦苦寻觅的，不就近在眼前吗？费心劳神地去寻找风景，殊不知你就在风景之中。忙忙碌碌地在找寻幸福，岂不知幸福就是一种感受。"

人生犹如一次漫长的旅行，走得累了，不妨放慢一下你的脚步，换一种心情，休息一下，放松一下。要知道，追求的意义就在于追求的本身，成功的快乐就隐藏在成功的过程中啊！

【情绪调节】

"焦虑的时代，人类已经没有了未来，未来就是现在！"现在，我们应该做什么？应该静下心来，独立思考，不要被外界的杂音所干扰，不要因别人打乱自己的节奏而方寸大乱，而是用最适合自己的方式稳健地走下去，不急不躁，慢慢前行。

7. 认识自己，丢掉不切实际的幻想

许多人的焦虑，来自美好的理想与残酷的现实之间的冲突。想法太过理想化，而现实却并非如此，于是他们便陷入了焦灼的状态里。

诚然，一个人知道自己的努力方向很重要，知道自己与目标的距离远近也很重要。他必须从现实着手，给自己制订一个实际可行的计划，根据计划从现实出发以达到最终目的。

大事业的成功，首先是要彻底解决好眼前的问题。有理想是好的，但是不切实际，脱离现实，理想必然成为空中楼阁。须知现实是理想的基础，忘记这

一点注定会失败，也会让身心不得安宁。

《庄子》中曾讲述过这样一个故事，有一个叫朱泙漫的人，想学一项特殊的本领，于是变卖了全部的家产，带了钱粮到远方去拜支离益做老师，跟他学习杀龙技术。

转眼三年，他学成回来，人们问他究竟学了什么，他一面兴奋地回答，一面就把杀龙的技术——怎样按住龙头踩住龙的尾巴，怎样从龙脊上开刀等——指手画脚地表演给大家看。大家都笑了，就问："什么地方可以杀龙呢？"朱泙漫这才恍然大悟，原来世上根本没有龙，他的本领是白学了。

理想不是幻想，更不是空想，我们只有从现实出发，尊重实际，才有可能实现自己的抱负。换言之，我们要站在地上，登上梯子去摘我们想要的东西，否则，就会面临被摔在地上的命运，一生都得不到心灵的宁静。

人生在世，时光宝贵。可是，许多人并不能体验到这一点，而是经历了太多波折后才幡然醒悟，这不能不说是一种遗憾。因此，年少之时，丢掉不切实际的幻想，多一些脚踏实地的努力才更为重要。

下面这段话是安葬在西敏寺教堂的一位英国主教的墓志铭：

我年少时，意气风发，踌躇满志，当时曾梦想要改变世界。当我年事稍长，阅历增多时，我发现自己无力改变世界，于是我缩小了范围，决定先改变我的国家。

但是这个目标还是太大了。

接着我步入了中年，无奈之余，我将试图改变的对象锁定在最亲密的家人身上，然而天不从人愿，他们还是个个维持原样。

年事已高时，我终于顿悟，我应该先改变自己，用以身作则的方式影响家人，若我能先当家人的榜样，也许下一步就能改善我的国家，这样我甚至可以改造整个世界，谁知道呢？

这段话告诉我们一个道理，人生不能没有理想，没有理想的人生将一事无成，永远被别人踩在脚下。同时理想也要符合实际，不能漫想空想。正如哲学家托·富勒所说，"伟大的抱负造就伟大的人物"。

内心安定的人，没有焦虑，他们处事泰然，平静如水。这是因为，他们生活在真切的世界里，根据自己内心的想法，以及身边的情势，决定自己的言行，追逐自己的人生理想。脚踏实地努力地活着，自然就省去了那些不必要的烦恼。

【情绪调节】

平时多听音乐，让优美的乐曲来化解精神的疲惫。轻快、舒畅的音乐不仅能给人美的熏陶和享受，而且还能使人的精神得到有效放松。开怀大笑是消除精神压力的最佳方法，请你忘掉忧虑，笑口常开。你还应该有意识地放慢生活节奏，沉着、冷静地处理各种纷繁复杂的事情。即使做错了事，也不要一味责备自己，需要吸取教训，再接再厉。这有利于保持心理平衡，舒缓精神压力，勇敢面对现实。

8. 专注于自己所爱，放弃无谓的牵绊

在印度的热带森林中，人们用一种奇特的狩猎方式捕捉猴子：在一个固定的小盒子里装上猴子爱吃的坚果，盒子上开一个小口，刚好能让猴子的前爪伸

进去。猴子一旦抓住盒子里的果子，爪子就再也抽不出来。因为这种猴子有一个习性——不肯放弃已经到手的东西。猴子不肯放弃抓到的果子，于是被人捉住，失去了自由。

人们总会嘲笑猴子的愚蠢，为什么不松开爪子放下坚果逃命？但审视一下我们自己，也许就会发现，并不是只有猴子才会犯这样的错误。

3个商人带着开采了10年的金子，越洋归国，不幸遇到了暴风雨。一个商人为了保住金子而被大浪吞没；一个商人为了留下部分金子，最终与船同归于尽；最后一个商人则放弃了船上的金子，乘救生艇逃离了危险，后来他又带领船队，打捞出3条装金子的货船，拥有了3个人的财富。

生活中，许多人和故事中的前两个商人一样，放不下到手的职务、待遇，整天东奔西跑，荒废了自己正当的事业。因为放不下诱人的钱财，有人费尽心思，结果常常作茧自缚；因为放不下对权力的占有欲，有些人热衷于溜须拍马、行贿受贿，不惜丢掉人格尊严，一旦事情败露，后悔莫及……

生命如舟，不可能负载太多身外之物，否则生命的小舟就会在抵达彼岸的航途中搁浅，甚至沉没。所以，要放弃不属于自己的东西，该放下时就放下，不为虚名所累。

当年，爱因斯坦曾收到一封邀请他出任以色列总统的信函，但爱因斯坦却拒绝这一邀请，放弃了这个职位。他说："我的整个一生都在同客观世界打交道，因而缺乏与人打交道的才智，又缺乏经验处理行政事务和公正地对待他人，所以我不适合这个职位。"

爱因斯坦放弃了这个令许多人羡慕的职位，专注于客观世界，最大限度地实现了人生价值，成为科学巨匠。

爱因斯坦的故事，告诉我们一个真理：该放弃时就放弃，这样你才能专注于自己真正热爱的东西。能够放弃不属于自己的东西，是一种能力，有了这种能力，生活才能无牵无绊，坦坦荡荡。

总之，生活中会遇到许多不如意之事，要想事事顺心，就要拿得起放得下，不愉快的事就让它过去，决不放在心上。一个人如果学会了放弃之道，不愉快的心情自然会消失，取而代之的将是朝气蓬勃的新生，成功的光环必将发出耀眼的光辉。

【情绪调节】

要想取得成功，要想有所建树，就必须学会放弃。放弃，就是指为了长远的、远大的目标或利益而放弃眼前的一点小利益。学会放弃，就是要学会这种拿得起放得下的精神。放弃并不等于丧失，而是为了更好地拥有。

有多少名人志士，为了最远大、最崇高的理想而放弃眼前的利益，最终建功立业，名垂青史。陶渊明为了不与世俗同流合污，放弃了荣华富贵，追求清静高洁，而成为流芳百世的"隐士"。类似的事例举不胜举，真理已摆在面前，学会放弃，选择最适合自己的道路，才可能取得成功。

学会放弃，为了脚下正走着的路，为了让我们拥有光明的未来，我们必须学会放弃，放弃那些把你引向失败的种种诱惑。

9. 知足常乐，不被物欲所累

人的欲望是无限的，不懂得节制自己的物欲，就会被外界的诱惑驱使，使心灵失去理性和纯净。

童年时，我们都读过《格林童话》中《渔夫和他的妻子》的故事，这里面讲述的其实就是一个有关物欲的话题。

渔夫的妻子最初的物欲便是，"住在我们这样一间肮脏的小房子里，实在是受罪……我要一座漂亮的小别墅"。

而当她得到了一幢小别墅之后，很快便想要住在一座石头建造的大宫殿里。当住进了宽敞华丽的大宫殿后，又想"我非当国王不可"。当上了皇帝后，她又想当教皇。做了教皇她马上就得意忘形地产生了一个念头："哈哈！我难道不该对太阳和月亮发号施令吗？我要成为太阳和月亮的主人。"最后贪心不足，她又重新住回了那个破渔舍。

或许这无休无止的欲望，就是人类所有罪恶及悲剧的最终来源。正如欲壑难填这个成语，然而世间又有谁能够真正放弃欲望，懂得适可而止呢？

从渔夫的妻子的故事来反省世人的物欲，人们每一个新的欲望都是在上一个已被满足的欲望的基础上再蔓延一小步，这就是欲望难以控制的原因所在。我们就是一点一点地满足着欲求，在欲望之途中不知反顾，直到猛然回首时才发现，与最初的追求早已大相径庭了，欲望已经由量变进而发展成了质变。这时欲望已经牵着人往邪路上滑了。

人们难以放弃对欲望的企求，最终得到的往往是痛苦。为什么？原因正如中国古话所说的"人心不足蛇吞象"。

由此可见，放弃欲望并非等于放弃追求，这是截然不同的两个概念。欲望的放弃是在内心中做到适可而止，古人提倡的所谓"修心养性"就是这个道理吧。或者说得更直接些，就是我们常说的"知足者常乐"。懂得知足就是对欲望的适时放弃，这样你也就得到了真正的快乐。

"天下熙熙皆为利来，天下攘攘皆为利往"。现实的社会实在太需要这样的反省了，看看那些贪心不足永无止境地大肆攫取钱财的贪官污吏，他们就因为欲望的膨胀而变成了被物欲主宰的奴隶，贪赃的钱多到几辈子用不完也还是止不住地贪。到头来就因此而葬送了身家性命。

【情绪调节】

所谓"七情六欲"，欲望不单单是对金钱、地位的渴望，更包括对感情、对名声的企盼。也许只有等到我们真正放弃了那种不可遏止的欲望，以寻常之心淡泊名利，懂得了"不以物喜，不以己悲"的时候，我们才不会做物欲的奴隶，生活才会步入一个新的境界，从而让我们享受到精神上、生活上真正的快乐。

第十章　提防忧郁情绪——和抑郁症擦肩而过

敏感的心灵，丰沛的情绪，以及对完美的追寻，让我们的人生更加精彩。但是，遭遇不如意的时候，这颗律动的心又很容易陷入忧郁的状态里。换句话说，只要你是一个有情绪的正常人，那么抑郁症随时都可能会击倒你。

毫不夸张地说，只有自私的人才不会得抑郁症。因此，遭遇人生中的不完美，别太过于执着，你会发现自己的路会越走越宽。

1. 打开心锁

天有不测风云，人有旦夕祸福。每个人的一生，都不可能事事如意、一帆风顺，总会遇到意想不到的坎坷与挫折，甚至还有牢狱之灾。一个人如果遇到不顺心的事，眼里只有阴霾，看不见光明与美景，那无形之中就等于给自己的心灵加上了一把锁，把自己囚禁，把自己放入忧郁的苦水之中，把自己阻挡在成功的大门之外。

魔术大师胡迪尼有一手绝活。他能在极短的时间内打开无论多么复杂的锁，而且从未失手。

这一天，大师向世界发出这样一个非常具有挑战性的目标：要在60分钟内，打开任何一把锁，前提是他要穿上自己那件特制的道具服，而且不能有人在旁边观看。

英国一个小镇的几个居民，决定向这位魔术大师发起挑战，并有意给他难堪。他们精心打造了一个坚固的铁牢，配上一把看上去非常复杂的锁，请胡迪尼来看看能否从中逃脱。胡迪尼接受了这个挑战，他穿上自己那件特殊的道具服，走进铁牢中。

牢门"哐啷"一声关了起来。待众人离去之后，胡迪尼从道具服中取出自己特制的工具，开始工作。

30分钟过去了，胡迪尼用耳朵紧贴着锁，专注地工作着，一个小时过去了，胡迪尼头上开始冒汗……已经超出规定时间一个小时了，胡迪尼始终听不到期待中的锁具弹开的声音。最后，他筋疲力尽地将身体靠在门上坐下来，结果牢门却顺势而开。

原来，牢门根本没有上锁，那把看似很复杂的锁只是个样子而已。

杰出的逃脱艺术家胡迪尼，却逃不出一座没有上锁的牢笼，那是因为大师心中的门已经上了锁！他能够打开世上任何一把锁，却无法打开自己心中的锁。

其实，我们终日忙忙碌碌，又何尝不是被一把把沉重的心锁束缚住了呢？不妨停下脚步，听听心灵的呼唤，给自己找一个出口，一个解脱的机会，保持心灵"庭院"的一片明亮。

（1）审视自己沉重的心锁

许多时候，我们被各种枷锁锁住了心智。心智不开，再聪明的人也是一个糊涂虫。因此我们才会看到，当人自信无比，自认为强大到无所不能时，他的"命门"也同时会无限放大，经不起现实轻轻地一击。

（2）别锁住自己的快乐

如果我们总是在抱怨自己生活的艰难，人生的不如意，总是在抱怨天意难测，命运不公……那这无情无形的锁就已经悄然挂上了我们的心门。如果我们总是在羡慕别人的幸福快乐，嫉妒别人的才干、富有、潇洒和漂亮……那这冰凉的锁就已沉重地锁上了我们的心门，锁住了我们的快乐。我们越是自怨自艾，越是妒火中烧，它就锁得越紧越无情。

（3）别锁住我们暖暖的亲情、友情、爱情

是不是随着年龄的增长，我们也逐渐忽视了父母长辈的存在和意见，少了许多用爱聆听，用心诚谈的沟通交流？是不是随着现代信息工具的发达，而习惯用短信、电子邮件复制转发一些格式化的矫情的祝福给亲爱的朋友，而少了很多贴心的问候和真切的关怀？是不是夫妻之间谈钱的时候要多过谈情？如果是这样，这把冰锁就已成雏形，锁住了通向温情、温暖、温馨的亲情、友情、爱情世界的心门！

许多人活得不开心，整天郁郁寡欢。这时候，最应该做的是打开自己紧锁的心门。此外，对我们而言，换一种思维方式，也许便能更轻松地找到通路，所以不用害怕眼前没有出路。

【情绪调节】

我们说，一个人可以没有金钱，没有地位，但却不能没有一颗宽容的心。一个人拥有一颗宽容的心，他的心里就不会有栅栏，就不会让仇恨把自己的心灵锁死。"心有多大，世界就有多大。"这话的确是一句金玉良言。因为一个人只要肯打开心锁，整个世界就会扑进你的怀抱！

2. 欣赏自己，战胜自卑

自卑是一种消极的自我评价或自我意识。一个自卑的人往往会过低地评价自己的形象、能力和品质，总是拿自己的弱点和别人的优势比，觉得自己事事不如人，在人前自惭形秽，从而丧失自信，悲观失望，不思进取，甚至堕落沉沦。

自卑的人总感觉处处不如别人，自己看不起自己，"我不行""我没希望""我会失败"等话总是挂在嘴边。自卑的人又往往自尊心极强，自卑与自尊经常会发生冲突，这种冲突造成了极其浮躁的心理。

谁都曾有过自卑的念头，但千万不要让这种危险的念头主宰了你，你要相信，你一定能够战胜自卑。

1951 年，英国人弗兰克林从自己拍的极为清晰的 DNA（脱氧核糖核酸）的 X 射线衍射照片上，发现了 DNA 的螺旋结构，就此还举行了一次报告会。然而，弗兰克林生性自卑多疑，总是怀疑自己论点的可靠性，后来竟然放弃了自己先前的假说。

可是，就在两年之后，霍森和克里克也从照片上发现了 DNA 分子结构，提出了 DNA 的双螺旋结构的假说。这一假说的提出标志着生物时代的开端，他们因此而获得 1962 年度的诺贝尔医学奖。

假如弗兰克林是个积极自信的人，坚信自己的假说，并继续进行深入研究，那么这一伟大的发现也许会永远记载在他的英名之下。

球王贝利初到巴西最有名气的桑托斯足球队时，他竟然也害怕那些大球星瞧不起自己。他本是球场上的佼佼者，竟因紧张而一夜未眠，无端地怀疑自己，恐惧他人。后来他设法在球场上忘掉自我，专注踢球，保持一种泰然自若的心态，从此便在自信和阳光的"召唤"下，以锐不可当之势进了一千多粒球。

弗兰克林和贝利的故事告诉我们：沉浸在自卑里不能自拔，情绪低落，只能毁了自己。相反，给自己以自信，没有什么事情是办不到的。

许多人耗尽一生的心力去奋斗，打败了这个人，打败了那个人，在关键时刻却常常过不了自己这一关。所以，有人说，我们最大的敌人其实是自己。一个人在关键时刻不自信，怀疑自己，贬低自己，就容易与宝贵的机会失之交臂。因此，紧要关头，一定要努力挖掘自己身上的优点，信心百倍地迎接挑战，在搏斗中征服困难，续写人生的辉煌。为此，我们要从下面几个方面努力。

（1）正确认识你自己

只有认识了自己，才能愉快地接纳自己。人对自己的认识不只是一种抽象的想象，它常伴有情感，伴有自我评价，比如对自己是好感还是恶感，是满意还是不满。要肯定自己必须欣然地接受自己的一切，不能排斥自己、欺骗自己、拒绝自己，更不能怨恨自己。孔子曰："君子坦荡荡，小人长戚戚。"是君子，就能自我悦纳，心情开朗，而另一些人则经常自苦、自危、自惭、自卑乃至自毁。

（2）把眼光集中在自己的优点上

时常问一问自己，我的长处是什么？我的优点有哪些？要好好思考一下这些，从而对自己有个深刻的认识。如果你把注意力集中在自己的优点上，多做自己最擅长的事情，发挥所长，工作自然会有出色的表现，这些都能增强、支撑起你的自信心。

（3）学会自我欣赏与自我激励

自我欣赏的人更能充满自信，懂得自我激励的人则能突破困境。把你曾经做得很好的工作或取得的成就列于纸上，来一个自我欣赏。这时，你将发觉自己突然信心十足，办事能力也胜人一筹。

【情绪调节】

"天生我材必有用！"从自卑的陷阱里走出来吧，潇洒地走进人群。如果你能够以积极的情绪消解内心深处的不必要的自卑，你就能真正成为自己的主人。相信自己，对未来心怀美好的憧憬，你一定可以成为自己人生舞台上的主角。

3. 想哭的时候，不妨笑一笑

每当感到失落、压抑、困惑、不自信的时候，不妨给自己一个微笑。你的微笑，首先是给自己的，当你绽开笑脸时，实际上已经在给自己一个暗示：我很快乐。微笑将驱走你的焦虑和烦闷，带来轻松、愉快和自信，让自己一下子就有了面对这世界的信心，有了克服困难的决心。

有个年轻人失恋了，在公园哈哈大笑。

一位老人走来，轻声地问："什么事情值得笑得如此开心？"

失恋的人回答："我刚刚和我青梅竹马的女友，分手了……哈哈。"

老人很奇怪地说："你跟爱人分手了，怎么还笑得出来呢？"

年轻人反问道："难道我应该哭吗？人应该向前看。而且我终于告别了这个不爱我的人，是一件多么值得高兴的事情啊。"

老人听了，想了想，赞赏地对年轻人说："年轻人，你的心态值得很多人学习，你会找到一个更好的姑娘。"

生活中有哭有笑，构成了多彩的画卷。该哭的时候要哭，该笑的时候要笑。但是，许多时候，笑比哭好。

笑其实是一种行之有效的、积极的心理暗示。它能对人的情绪和生理状态能产生良好的影响：调动人的内在潜能，让人发挥最大的能力。而消极的心理暗示则对人的情绪、智力和生理状态都产生不良的影响。

人是十分情绪化的动物，难免会受到不良情绪的影响。善于控制自己的情绪，不要让消极的暗示力量占主导地位，这关系到你内心是幸福还是不幸的。遭遇困难和打击时，我们应该对自己说：我很坚强。给自己一个微笑，这样的心理暗示力量必将给你战胜苦难的勇气和信心。

想哭的时候，努力让自己笑一笑，这实际上是选择快乐，与抑郁情绪说拜拜。说起来容易，做起来难，那么我们应该如何去努力呢？

（1）要积极地想，不去消极地沉迷

想哭，是因为受了委屈，或者遭受了打击。这其实是生活里的几多风雨，再正常不过了。因此，即使面对苦难、被误解了，也要积极应对，拍拍胸脯让自己昂起头，千万别一股脑地朝消极的方面想。等积极的想法涌上心头，愁苦也就下了眉头了。

（2）心里再苦也要微笑

心里痛苦的人，不会有笑容；但是，想哭的时候，勉强让自己的嘴角翘起来，你会被自己的笑容打动，而破涕为笑。原来，没有什么不可能，哪怕你正经受着巨大的伤痛，只要努力笑一下，心情真的可以变化，走向积极的一面。

【情绪调节】

笑与哭，从来都是心情的玩伴，它们本身没有对错。你要有敢笑敢哭的勇气，也要有破涕为笑的狡黠，让生活多一丝亮色，别让抑郁的乌云遮蔽了阳光。想哭的时候笑一下，这是生活的艺术，也是对自己的关爱。

4. 走出患得患失的阴影

什么是患得患失？患得患失就是一味地担心得失，斤斤计较。患得患失是人生的精神枷锁，是依附在人身上的阴影，是浮躁的一个主要表现形式。

生活中往往有这样一些人，做什么事情之前都要反复考虑，做完之后又放心不下，如有不妥，就很担心把事情办砸并担心别人对自己的看法，并且极其注重个人的得失。他们被笼罩在患得患失的阴影之中，心房被得失搅扰得没有一分安宁。他们心中布满疑虑、惴惴不安，生活中当然不会有轻松与愉快。

夏朝的后羿，是天下闻名的神箭手——这个后羿不是神话中射掉九个太阳的人，而是一个诸侯国的国君。他有一身百步穿杨的好本领，无论立射、跪射、骑射，百发百中，从不失手。

夏王听说他的名声后，想一睹神技，就把他召来，命人在御花园立起一个兽皮箭靶，靶心约一寸见方，然后说："请先生展示一下精湛的本领。为了使这次表演不至于因为没有彩头而沉闷乏味，我来给你定个赏罚规则，如果射中，我就赏赐给你黄金万两；如果射不中，就要削减你一千户封地。现在请先生开始吧！"

后羿听后，面色顿时变得凝重起来。他慢慢取出一支箭，搭上弓弦，摆好姿势，谨慎地瞄准起来。如果是平时，他信手一箭，也能射中靶心，可是，想到这一箭射出，要么得到黄金万两，要么失去千户封地，关系何等重大，心情顿时紧张起来，拉弓的手也微微发抖。他瞄了很久，几次想把箭射出去，又收回来，继续瞄准。后来终于下定决心，松开了弦，箭应声而出，却射在离靶心足有几寸远的地方。如是者数箭，竟没有一箭射中靶心。

后羿无奈，满面羞愧地收拾起弓箭，勉强赔笑向夏王告辞，悻悻地离开了王宫。对这一结果，夏王既感失望，又心存疑惑，就问手下："听说此人箭技通神，发必中的，今天看来，也平常得很，难道是浪得虚名？"

后羿不是常人，他在得失面前也难免发挥失常，何况一般人呢？要想避免患得患失的危害，就要努力培养一颗平常心，使自己达到"八风吹不动"的境界，或者达到兵家"泰山崩于前而色不变"的境界，这样就能把自己的能力发挥到极致。

韩国围棋天才李昌镐就是一个这样的人，无论多么重要的对局，他都能保持一颗平常心，好像没有什么事能扰乱他的心神一样，因而被誉为"石佛"。有此定力，难怪他成为世界围棋第一人。

患得患失是人生最常见的心理隐患，我们要铸就辉煌的人生，就必须要砸碎精神枷锁，丢掉思想包袱，走出患得患失的阴影。

要走出患得患失的阴影，不被忧郁的情绪打扰，最重要的是保持良好的心态。为此，需要做好下面几点：

（1）知足常乐

每一个人都要学会比较，通过比较得到良好的心境。正确的乐观的比较应该是自己和自己比，把自己的今天和自己的过去比。只要努力过，且通过努力进步了，收获了，即使别人已达到小康，你才是温饱，别人已有了金条，你还囊中羞涩，也丝毫不需自惭形秽。因为每个人的基础不一样，条件不一样，经历也不一样。同样一双手，十个指头哪能一般齐呢？

（2）活出自己

人的一生，不求利，不求名，只求一个真实的自己，走自己的路，就不会被患得患失所困扰。事实上人生不可能没有忧愁，问题是我们不能因患得患失给自己平添几分愁。走自己的路吧，不管别人如何评说，我们的人生都会充实、快乐、潇洒。

（3）淡泊名利

古人云："淡泊以明志。"养生首养心，养心淡名利。人生苦短，名利有如过眼烟云。人不可缺乏进取心和奋斗精神，但一味地追名逐利反而会得不偿失。人，最值钱的东西是生命而不是名利。

【情绪调节】

当你感到紧张时，进行深呼吸，直至心情平静下来。人在紧张时，大脑缺氧，指挥失灵，很容易失误，进行深呼吸，可给大脑充氧，有利于保持冷静。同时还可以用手掐自己的皮肉，疼痛感能分散注意力，可以帮你暂时摆脱担心或渴望的事，有利于恢复平静。当你担心做不好或说不好时，就在心里暗暗给自己打气，告诉自己"怕什么，车到山前必有路""我一定能行"，等等。当你这样说时，勇气会渐渐充满全身。

5. 打破烦恼的习惯，做个快乐的人

很多人都遇到过烦恼，你可能曾经与烦恼擦肩而过，也可能与烦恼亲密接触过，因为烦恼会带来各种负面情绪，所以烦恼是不为我们所喜欢、所接受的。

烦恼的人没有快乐可言，所以想让快乐相伴，就要学会把烦恼抛在脑后，使自己拥有一个无忧无虑的人生。

有一次，卡耐基在帮刷洗盘子的妻子擦干碗盘，那时，他得到一个启示："我太太是一边洗碗一边唱歌，我看在眼里，不由默默地告诉自己，'老兄！

请看吧！她多么快乐。你们结婚已经 18 年了，她也洗了 18 年的碗。若将那些油污的盘碗堆积起来连大仓库都容纳不下。如果结婚时就这样想象，保证会吓退所有的新娘。'"

因此，卡耐基再度告诉自己："妻子之所以对洗碗盘不致感到厌烦，是因为她一次只洗一天的碗。从而，使我了解烦恼之所以来了是因为我经常持着'今天的碗、昨天的碗以及没用过的碗，统统都要洗'的心态。"

而且，卡耐基还认识到了自己的愚蠢——每个礼拜天早上都要站在讲台上，口沫横飞地告诉教友们应该如何生活等，自己却过着紧张、烦恼和忙碌的生活。

想到这里，他不再烦恼了。没有多久，他的胃痛也消失了，他和失眠也绝缘了。

总结自己的成功经验，卡耐基说："我会把昨天的不安一股脑儿抛到纸屑篓里，同时，我也决不考虑在'今天'洗'明天'的脏碗盘。""烦恼是一种习惯——而我，老早已打破这种习惯。"这其实是许多人的心声。

生活中，不让烦恼侵袭自己，做一个快乐的人，你的生命才会更有意义。与烦恼再见，需要智慧。当然，最重要的是做好下面两点：

（1）在任何情况下都不为任何事烦恼

约翰·D. 洛克菲勒在 33 岁的时候，赚到了人生第一个 100 万美元。43 岁时，他建立了美国标准石油公司——世界上最大的垄断企业。不过，53 岁时他却因为烦恼、贪婪、恐惧和高度紧张的生活，身体健康受到严重损坏。

当时，失眠、消化不良、掉头发，精神趋于崩溃的肉体表征使洛克菲勒整个人"看起来像个木乃伊"。医生警告说，他必须在死亡和退休之间做出抉择。他选择了退休。于是，便有了他"死于"53 岁，但一直活到 98 岁的传奇人生。

避免烦恼，在任何情况下决不为任何事烦恼。洛克菲勒遵守了这项规则，保住了自己的性命。他从事业上退休，学习高尔夫球，整理庭院，和邻居聊天，打牌，唱歌。

同时，他也在做一些更有意义的事情。他开始考虑把数百万的金钱捐献出去，帮助更多需要帮助的人。在获知密执安湖湖岸的一家学校因为抵押权而被迫关闭时，他立刻展开行动，捐出数百万美元去援助它，将它建设成为举世闻名的芝加哥大学。

生活中充满了不尽如人意的事情，只有能够不为此烦恼的人，才能保持理性的头脑，拥有无烦忧的时光。而你看淡一切，不为人和事所累，则是这一切的基础。

（2）把工作和生活区分开来

许多成功人士都养成了一种习惯——将工作和生活截然二分。当从工作转移到生活中去的时候，他们可以把此前的所思所考一律抛开。每天工作结束时，立刻将所有工作上的问题从心里悉数扫光。谁拥有了这套本事，谁就没有了不必要的烦忧。

工作就是工作，生活就是生活，把二者分开才能拥有幸福的人生。虽然成功需要有工作狂的精神，但是每种工作通常都会留下未解决的问题，如果每晚都将这些问题带回家去伤脑筋，势将有损我们的健康，从而让我们失去处理它们的能力。没有自己的生活，是一种短视行为。

每个人的生活道路都不可能是平坦的，每个人的生活都可能会不尽如人意。如果我们客观上不能阻止那些令人不快的事情发生，就应该尽力忘记它，尽量避免与生活中的那些烦恼纠缠不休。这是保持愉快心情、调整心态、笑对人生的一个很重要的方法。

【情绪调节】

重新拾起那往日的不快，无疑是让我们重新经历一次不堪回首的伤痛。我们要学会忘记那些必定会左右我们的情绪，让我们精神不爽、刻骨铭心的烦恼，将它们抛至九霄云外，不让它们干涉我们的生活，禁锢我们的思想，搅乱我们的情绪。忘记生活的单调，会使我们随时都能快乐地面对人生。

6. 告诉自己"我能行"

很多时候，我们最大的敌人就是自己的心。千万不要在败给对手前就败给自己，一旦开始行动，就要把所有的顾虑、担忧都抛到脑后。不管遇到多大的困难，也要笑着告诉自己："我能行。"不管面对多大的压力，也要轻松地给自己打气："我能行。"

有一个小男孩，很小的时候母亲便因病去世了，他一直生活在家境贫困的祖母那里。男孩的学习成绩很糟糕，每回考试都排在后面，许多同学都不愿意跟他一起玩。因此，他非常自卑。

男孩也曾努力过，早起晚睡，将全部的时间都用来学习，只为了能在同学们面前趾高气扬一回，可他还是失败了。中学毕业考试，他的成绩在全校排倒数第七，这意味着他将失去进一步深造的机会。

毕业典礼这天，男孩垂头丧气地走出了家门，但他没有去学校，而是一个人来到了公园里。公园里一群小朋友正在草地上玩高尔夫球，他从没见过这种东西，出于好奇，他请求和孩子们一起玩。结果，连续10杆，男孩惊人地把这些球全都打进了洞里。男孩太激动了，早忘了要去参加毕业典礼的事。他飞快地跑回家，把这件事情告诉了祖母。

祖母鼓励他，并带他到佛罗里达州的一个职业中学报了名。从那时开始，男孩自己做了一根球杆，一个人在草地上练习。在祖母的期望和鼓励下，男孩渐渐地克服了自卑，他付出了比别人多十倍的努力，终于在2000年佛罗里达州的职业比赛中一举成名。

这个小男孩就是美国最著名的高尔夫球星——吉姆·福瑞克。在接受采访时，吉姆·福瑞克说道："没有任何一种成功是可以必然实现的，但是只要你相信自己，敢于放弃你不能的，敢于去坚持你所选择的，成功就会逐渐靠近你。"

"只要头脑可想象的，只要自己相信的，就一定能实现。"这句话出自美国成功学的创始人拿破仑·希尔博士。他提醒我们，任何时候都要相信自己会有用武之地，有朝一日能够大展宏图。

许多时候，你若告诉自己可以办到某件事，不论它有多艰难，你都能办到。相反地，你若认为连最简单的事也无能为力，哪怕是鼹鼠丘，对你而言，也变成不可攀的高山。这就是心理暗示的力量。

生活中已经有太多的纷扰，遇到困难的时候，给自己一些鼓励吧。或许你真的没有做成这件事，但是只要努力过了，就不会后悔，而这个过程对你来说已经是一笔宝贵的财富。

【情绪调节】

如果你面对问题时受到"不可能"观念的困扰，你可以对所谓不可能的因素展开一次实事求是、客观的研究，结果你会发现所谓的不可能，通常不过是源于对问题的情绪反应而已。而且你还会发现只要以冷静的、非情绪的态度去面对，运用智慧来审视所涉及的诸事，你通常能克服这些所谓的"不可能"。

7. 克服猜疑：心里阳光一点好不好？

猜疑是人的一种正常心理，在无法把握事实真相的时候，人们通常都会持有这样的心理。适度的疑心，其实可以让我们谨慎、自省。但是，若疑心太重，处处神经过敏，事事捕风捉影，一句话、一个眼神、一个动作都可能引起误会。轻则让人心存芥蒂，与朋友失之交臂，或错过机会，丢掉商机，丧失前途；重则让集团与集团，国家与国家因误会引起矛盾、冲突，甚至战争。

《三国演义》第四回有这么一段内容：曹操谋杀董卓未成，仓皇逃窜，投靠父亲的结义兄弟吕伯奢。吕伯奢见是义兄的儿子到来，想好好招待一下，就让曹操稍坐，自己到邻村买酒去。这时曹操听到隔壁又要捆又要杀的嘈杂声音，以为要绑他杀他，遂拔剑直入，不问男女，皆杀之，一连杀死八口。谁知原来人家是绑了一头猪，准备设宴招待他。曹操怕留下祸根，将错就错把一家斩尽杀绝。曹操错杀好人，就是源于疑心太重。

《红楼梦》中的林黛玉，虽然饱读诗书，文学辞赋无所不能，但她生性敏感多疑，时时用怀疑的眼光注视周围人对自己的态度。别人的一言一行，都能引起她长久的猜疑。正是这种愁绪，影响了她的身心健康，使她过早地离开人世。

这是小说中因为疑心重而引起严重后果的两个典型故事。在现实中，疑心也是我们与人交流，认识社会的一大障碍。

生活中我们常会碰到一些猜疑心很重的人，他们整天疑心重重、无中生有，认为人人都不可信、不可交。人家一扬眉，就说别人看不起他；人家一撇嘴，就说人家讨厌他；人家在说悄悄话，便怀疑在说他的坏话。总之，对别人的一举一动都耿耿于怀，都觉得别人的一言一行都是对自己的侵犯。久而久之不仅自己疑神疑鬼，暗耗心神，损伤大脑神经，引起失眠等疾病，由怀疑别人发展到怀疑自己，继而失去信心，变得自卑、怯懦、消极、被动，严重影响到人际关系。由于自我封闭，阻隔了外界信息的输入和人间真情的沟通，他们不愿与人交心，只缩在自己的世界中，整天胡乱猜疑，暗生闷气。有时，他们还会失去理智，因为猜疑而与朋友分道扬镳，甚至反目成仇；因为猜疑把对方打伤，甚至失手打死。可见持怀疑的态度如同握把双刃剑，稍不小心，就会伤人伤己。

英国哲学家培根说过："猜疑之心犹如蝙蝠，它总是在黑暗中起飞。这种心情是迷惑人的，又是乱人心智的，它能使人陷入迷惘，混淆敌友，从而破坏人的事业。"

易猜疑的人通常过于敏感。敏感并不是坏事，但过于敏感的话，就很容易理下害人害己的祸根。如果任猜疑蔓延发展，往往会形成攻击性变态人格。如果你想要为自己的情商加分的话，如何消除猜疑是你必修的一课。

（1）理性思考，不无端猜忌

当发现自己开始生疑时，应当立即寻找产生怀疑的原因，不要朝着有利于猜疑的方向思考，而是试着用正反两方面的信息来客观分析问题。

（2）自我暗示，建立自信心

当你猜疑别人看不起你，在背后说你坏话，对你撒谎的时候，你要在心里反复默念"他没有看不起我""他没有理由说我坏话""他不会骗我"，等等。这种积极的心理暗示能够帮助你建立自信。

（3）自我安慰，增强调节能力

产生猜疑的一大原因，就是总担心别人说三道四，特别在乎别人对自己的一些消极评价。一个人生活于世，遭到别人的非议或者与他人产生误会在所难免。太在乎别人的评价，你就会失去自己。

【情绪调节】

当我们开始猜疑某个人时，最好先对其为人、经历以及与自己多年共事交往的表现综合评论，如此，才能将一些不必要的猜疑消灭于萌芽状态。主动开诚布公，坦率诚恳地将内心的猜测和疑虑提出来，或者面对面同对方推心置腹地交谈，以便弄清真相，解除误会。

8. 无力改变不幸，就坦然面对遗憾

人的一生，或多或少都难免有沉有浮，不会永远如旭日东升，也不会永远痛苦潦倒。反复地一浮一沉，对于一个人来说，正是一种磨炼。所以，如果我们能保持一种健康向上的心态，即使我们身处逆境、四面楚歌也一定会相信有"山重水复疑无路，柳暗花明又一村"的那一天。

面对艰难困苦，应保持一种什么样的心态，将直接决定你的人生轨迹。不幸发生了，别用失落面对后面的生活，才有重新获得幸福的可能。

22岁的麦吉刚从耶鲁大学毕业，他聪明英俊，踢足球及演戏剧都表现突出，正是意气风发的好时光。

一个平凡的晚上，一辆大卡车从第五大道驶来……等麦吉醒来时，发现自己身在加护病房，左小腿已经被切去！他问自己：难道就这样在轮椅上躺一辈子？你会甘心吗？他使劲摇了摇头。其后8年，麦吉全力以赴，要把自己锻炼成全世界最优秀的独腿人。复健期间他饱受疼痛折磨，但从不抱怨，终于熬了过来……

失去左腿后不到一年，他开始跑步，不久便常去参加 10 公里赛跑。随后又参加纽约马拉松赛，成绩打破了伤残人士组纪录，成为全世界跑得最快的独腿长跑运动员。

1993 年，麦吉在南加州的三项全能比赛中，骑着脚踏车疾驰，群众夹道欢呼。突然间，麦吉听到群众尖叫声。他扭过头，只见一辆小货车朝他直冲过来。

麦吉对于这次挨撞记得很清楚。他记得群众的尖叫，记得自己的身体飞越马路，一头撞在电灯柱上。他还记得自己被抬上救护车，随后才昏了过去。麦吉四肢瘫痪了，那时他才 30 岁。麦吉的四肢都失去了功能，但仍保存少量神经活动，使他能稍微动一动手臂。

麦吉知道四肢尚有感觉时，有点激动。因为这意味着他有了独立生活的可能。经过艰苦锻炼，自认为"很幸运"的麦吉进步到能自己洗澡、穿衣、吃饭，医生对此都大为惊奇。

接着，麦吉开始了一场残酷的康复训练。他对自己说："你是过来人，知道该怎样做。你要拼命锻炼，不怕苦，不气馁，一定要离开这鬼地方。"

其后几个月，麦吉再度变得斗志昂扬，复健速度之快，出乎所有人预料。脖子折断之后仅仅 6 个月，他便重新开始独立生活，大约 6 个月之后，他在一次三项全能运动员大会上，以《坚忍不拔和人类精神力量》为题，发表了一篇激动人心的演说。事后人人都围着他，称赞他的坚韧，"麦吉真行！"

"祸兮福之所倚，福兮祸之所伏"，天有不测风云，人生中的恩怨、悲喜，以及功名利禄，往往都是互相转化的。不要为过去的失去难过，也不要为明天的未知焦虑，更不要为眼下的不幸耿耿于怀，而是要顺其自然，因为生活没我们想得那么糟糕。其实，人这一生中总会遇到这样那样不如意的事情。也许我们无力改变这个事实，但我们可以改变看待这些事情的态度。

第一个正确态度就是要能够正确面对人生的遗憾，要在最短的时间内把这次灾难造成的遗憾接受下来，不要纠缠在里面，一遍一遍地问天问地，这样只能加重我们的苦痛。

第二个正确态度就是要尽可能地用自己可以做的事情去弥补已经造成的一些遗憾。承认现实生活中的不足之处，并通过自己的努力去弥补这种不足，才是一种积极的对待生活缺憾的态度。

【情绪调节】

当不幸降临时，最好的办法就是让它尽快过去，这样你才能腾出更多的时间去做更有价值的事情，你才会活得更有效率，更轻松。学会承担现实，那是我们人生中必然要走过的路程，能够微笑地去面对和承担这一切，才是生命里的最高境界。

第十一章　转化悲伤情绪——要有"化悲痛为力量"的智慧

人之所以会痛苦，是因为总喜欢沉浸在过去的错误之中。殊不知，一切都将会过去，新的一页又会随即翻开。只有把旧的扔掉，才能用全部的心神应对未来。可以改变的，去改变；不能改变的，去改善；不能改善的，去承担；不能承担的，就放下。这是每个人都该拥有的人生智慧。

1. 忘记苦难和不快，才能收获幸福

记得一位哲人说过："只有学会忘记苦难和不愉快，才能成为最幸福的人。"这句话太有道理了！为了使自己的感觉不被担忧、恐惧、忧郁等消极情绪所左右，我们应该学会不让生活中一些不愉快的事情改变你现有的美好心情，要学会忘记它们。

有个美国人叫鲍勃·彼得雷拉，是洛杉矶的一名电视制作人，六十多岁，有着超常的记忆力，能够记住5岁以来几乎每个生日的细节，过去40年来度过的每个新年前夜，1971年以来历届奥斯卡奖主要得主，甚至是某天某场橄榄球比赛的得分，等等。

这样超常的记忆力是每个人所美慕的，但是，任何事情都是一柄双刃剑，有其积极的一面，也有其消极的一面。彼得雷拉的超常记忆给他带来了不少烦恼，因为他在记住过去的美好瞬间的同时，难以忘记那些令他痛苦和难过的伤

心事。

从这个角度来看，彼得雷拉的生活又充满了哀愁，甚至是莫名的悲哀。因为，他的记忆中存满了那些令人快快不乐的碎片，给他带来了无尽的苦恼。

澳大利亚人朗达·拜恩写的《秘密》中提到过一个很重要的人生哲理，那就是"吸引力法则"。按照拜恩的观点，思想是有磁性的，有着某种频率。如果你想的是一件愉快的事情，在你生活中的那些愉快的经历就会翩翩起舞地向你飞来。

然而，当你在与一件不愉快的经历纠缠不休的时候，你生活中那些曾经发生过的不愉快的经历和感受就会蜂拥而至，像潮水一样向你扑来，你的记忆仿佛变成了一块吸铁石，所有消极的感觉就会被吸引过来。

生活中，如果你为一件事情感到高兴，吸引力法则就会将所有让你感到高兴的事吸引过来，使你感到心情无比轻松；反过来，如果你不断抱怨，吸引力法则就会给你带来所有让你抱怨的状况，让你在相当长的一段时间内情绪低落。

拜恩的《秘密》还告诉我们，当你感觉到不愉快时，你是在长时间地思考那些不愉快的事。从这个意义上来说，我们的任务就是不能让那些不愉快的感受长期占据着我们的思想，也不能让生活中的一点点挫折就抹杀我们愉快的心情。

"超理性财富课程"创办人鲍勃·道尔说："如果你从拥有美好的一天开始，并且沉浸在那种快乐的感觉中，只要不让某些事转变你的心情，依据吸引力法则，你就会吸引更多类似的人和情境，来延续那种幸福快乐的感觉。"

已经发生的，就让它过去吧，别再为那些伤心事烦恼、哀怨，你才能打起精神，继续下一步的行动，让生命里多一些阳光。

【情绪调节】

我们可以用许多积极的办法，去改变消极的情绪。比如说，当我们感到沮丧的时候，我们可以唱唱歌，欣赏美妙的音乐，进行体育锻炼，与朋友聊天，与心爱的人在一起，或是憧憬未来，回忆美丽的往事……总之，要将自己所拥有的更多的爱好和更多的朋友用来转移注意力，把不愉快的思想和情绪统统赶走，只保留那些美好的感觉。

2. 释放悲痛，给自己的心灵"松绑"

"哀莫大于心死"，足以说明一个人内心笼罩上"悲伤"的阴云，会将人击垮。心灵一旦进入悲伤的天地，整个人都会死气沉沉。所以，如果有一天不幸降临到头上，首先要释放这种伤感，给心灵松绑。

任何一个人，试图否认、逃避自己的悲伤情绪，都会让内心的痛苦强化，直至最后崩溃。心理学家曾做过一项调查，关于人们面对灾害的情绪反应。

有一个地方发生了地震。半年以后，到精神科就诊的人与日俱增。就诊者说，他们在灾害刚刚发生时，并没有什么问题，但是后来却产生了焦躁、抑郁、伤感等情绪，无法得到解脱。

专家分析认为，地震给这些人造成了难以磨灭的心理创伤，让他们沉浸在失去亲人的痛苦中。灾害发生后，他们集中精力清理废墟，料理杂事，然后四处奔波，重建家园。一旦从重建家园的努力中脱身，他们就会被压抑的悲伤刺痛，于是各种不良情绪接踵而至。

事实上，他们根本没有让内心的悲痛发泄出来，而是积压起来，心灵被这种痛苦的情绪裹挟着，一有风吹草动就会让人难耐，苦不堪言。后来，心理专家建议这些人大哭一场，或者到空旷的山谷中呼喊，或者找人把内心的情感都倾诉出来。经过一段时间的调整，这些人逐渐恢复了平静，过上了正常的生活。

由此可见，一个人有了悲伤情绪，要学会给它们找一个出口，让这些不良体验得到宣泄与化解。反之，如果让它们压在心里太久，终究会有爆发的时刻，而这对我们的身心来说，是一个定时炸弹。

释放悲痛情绪是必要的，但也要懂得控制，而不能任由自己宣泄。如果不良情绪得不到控制，那么就有失态、失常的危险，也是不足取的。

（1）伤痛的时候多与家人、朋友交流

悲伤的人最需要慰藉。当你被悲痛袭击的时候，要主动与家人倾诉，多找朋友交谈。通常，你会得到应有的抚慰和关爱，让自己的心灵得到安宁。许多人通过交流释放悲伤情绪的时候，最后都能感受到温暖和幸福，这是亲情、友情的力量。

（2）要宣泄悲伤，但不陷入绝望

经验表明，悲痛的时候大哭一场，或者咆哮一番，都能让内心的悲苦宣泄出来。不过，任由悲伤情绪发泄出来，而不懂得控制，也并非好事。因为，任由自己宣泄，很容易被这种行为牵引，而与初衷背道而驰。所以，懂得控制的情感宣泄，才是有价值的。宣泄悲伤的时候，不陷入绝望，而是痛定思痛后走向阳光的一面，才可取。

【情绪调节】

从某种意义上说，每经过一次悲痛，就向真正成熟的人生迈出了关键的一步。当悲痛降临到你的身上时，首先要释放悲痛；接着，要控制好情绪，痛定思痛，增强免疫力，让身心更强大，足以接受更大风雨的砥砺。

3. 直面悲伤，承认不幸才能战胜不幸

有些人被悲伤情绪包围时，往往会激起否认的心理反应。这种行为，反映了人内心深处的一种逃避思想。比如，有人患了癌症后，不愿相信这是事实，老怀疑医院是不是搞错了，检查是不是和别人的搞混了。等确定检查结果是自己的之后，却承受不起，不愿正视现实。

悲伤的事情发生了，就去承认并接受它，想想应对的良策。这样做，总比整天沉浸在悲伤的氛围中更有意义。要知道，"坚强"的代名词就是"勇气"，它包含了承受悲伤的果敢。

在一次车祸中，雪虹残废了，无情的车轮碾断了她的右腿。原本幸福的生活，一下子被蒙上了阴影，快乐的她变得忧郁、消沉。在那阵剧烈的肉体疼痛消失后，继而便是一阵灵魂的抽搐，她被深深地刺痛了，在精神上背上了一个沉重的包袱。

当时，整天萦绕在雪虹脑子里的，尽是一些消极的思想，完了，这辈子算完了。一下子时空变得苍茫，昏暗，一瞬间，雪虹犹如掉进了一个冰窟，寒冷彻骨，深深地陷入绝望中，难以自拔。

直到有一天，雪虹被几个朋友挟持着拖上大街，行至十字路口，忽然看见一个身影，见他双手握着板凳，一推一送地拖着他那失去双腿的身子，步履艰难地走了过来。

雪虹不由得停下脚步，望着他。当他走过雪虹身边时，他看了看她，随后

对雪虹笑了笑，依然迈着坚定的步伐向前走去。那臂膀如此坚实，那身影异常稳健，更有那深邃的目光，透露出坚定不移的自信。

就这样，雪虹被震撼了，看着这逐渐消失的身影，她不住地沉思、自省——终于，在这一瞬间，雪虹领悟了人生的真谛：一个人遭受不幸在所难免，回避就是逃避，只有接受不幸才能走出不幸。

逃避，永远是懦夫的行为，只会让我们自己更痛苦。不愿承认现实，"否认"已经存在的事实，其实是正常的心理防卫机制。但我们需要做的是，面对现实、接受现实，继而改变现实。

卢梭曾说过："人要是惧怕痛苦，惧怕折磨，惧怕不测，那么他的人生就只剩下'逃避'二字。"生活中不如意的事情很多，俗话说"不如意事常有八九"，我们一生很少有几次能真正感到自己的生活是一帆风顺、海阔天空的。

人生际遇不是个人力量可以左右的，而在诡谲多变、不如意事常有八九的环境中，唯一能使我们迎接伤痛而不被其击倒的办法，首先便是正视它，接受它。

【情绪调节】

史铁生说："对困境，先要对它说'是'，接纳它，然后试着跟它周旋，输了也是赢。"当我们在生活中遭遇不幸，首先也是最好的解决办法便是控制好自己悲伤的情绪，"迎上去"。当你有勇气面对任何悲伤的时候，也就不怕伤痛的侵扰了。

4. 要哭就哭，让悲伤得到缓解

很多人觉得哭是不坚强的表现，正所谓"男儿有泪不轻弹"。男性遇到多么巨大的压力都不能哭泣，哭哭啼啼的女孩子也总是被父母和朋友训斥。传统观念给予"哭"太多的道德压力和束缚。在人们的头脑里，"哭"代表着软弱，意味着没有出息。但，"哭"是对人有益的，尤其是对于宣泄悲伤的情绪来说。要知道，从心理健康的角度讲，"坚强"并不永远是个褒义词。

一位中国女士到美国看心理医生。刚到心理诊所，就看见一个大老爷们儿，声泪俱下地哭着出门，而且哭得连背都在颤抖。

看到这里，中国女士自然是持嘲笑的态度。但当她与心理医生开始交谈时，她逐渐被医生引导得伤心起来，而且想哭。刚开始，她还有意识地控制自己，但是后来终于忍耐不住了，渐渐痛哭起来。

美国学者对几百名男女性分别研究后发现：在他们痛快地哭过后，自我感觉都比哭前好了许多，健康状态也有所增进。

更进一步的研究发现，人们在情绪压抑时，会产生某些对人体有害的生物活性成分。哭泣后，情绪强度一般可减低40%，而不爱哭泣，不去利用眼泪消除情绪压力的结果是，影响身体健康，促使某些疾病恶化。

比如结肠炎、胃溃疡等疾痛就与情绪压抑有关。心理专家研究发现，人悲伤时掉出的眼泪中，蛋白质含量很高，这种蛋白质是由于精神压抑而产生的有害物质，压抑物质积聚于体内，对人体健康不利。

心理学家认为，眼泪对于人类发挥着很重要的作用，在情绪激动时流出来的眼泪带有应激激素，是一种摆脱激动的最佳方法，而这也就是"催泪"产业为何在全球得到广泛认同并迅速发展的最根本原因。即使哭泣会让你难堪，但它是一种信号，表明你紧张的情绪已经到了有损健康的地步。因此选择哭泣是一个明智的做法。

与此同时，不少专家认为，流泪无论是"私下的"还是"当众的"，效果一般都是积极的。哭泣能够将伤心转变成一种实在而具体的东西，这一过程本身就能帮助我们减少创伤感。眼泪以一种实物的形态使心理创伤具体化、形象化，这一过程和笑相似，涉及肌肉活动、呼吸急促和声音渐高，然后逐渐平静下来。

在这个过程中，整个人的紧张感会慢慢消失，然后放松，获得一种释放的感觉。女子的寿命普遍比男子长的原因，除了职业、生理、激素、心理等方面的优势之外，善于哭泣，也是一个重要因素。

著名影星简·方达，曾提出了一项建议——你遇到困难时，不妨哭。"当你得不到服务或者陷入窘境时，只要哭就行了。"

不过，哭一般不宜超过 15 分钟。悲伤的心情得到发泄、缓解后就不能再哭，否则对身体反而有害。因为人的胃肠机能对情绪极为敏感，忧愁悲伤或哭泣时间过长，胃的运动会减慢，胃液分泌减少，酸度下降，从而影响食欲，甚至引起各种胃部疾病。

有人觉得自己该哭也想哭的时候是常有的，可就是怎么也哭不出来。这时候，你不妨使用"不用洋葱和辣椒自然哭出来"的妙方，这是美国著名心理学博士鲁思的创见。

（1）寻找一个隐秘的空间，舒服地坐下，将手放在胸前锁骨的上方。

（2）呼吸只到手放的地方。

（3）急促地出声吸吐气，发出像婴儿的哭泣声，仔细倾听其中的哀伤。

（4）回想伤心往事，允许自己流露软弱。

（5）多次持续地练习，如太阳穴隐隐作痛，就是压力累积过多，需要加强训练。

古人说："忍泣者易衰，忍忧者易伤。"可见该哭不哭对健康危害极大。能让自己该哭的时候可以哭，有地方哭，这样的生活才健全，这样的心理才健康。

【情绪调节】

哭要适当运用而不能滥用，我们不提倡凡事都用哭来解决。人不是简单的动物，不能像动物一样，重复情绪堆积、发泄的简单过程。人是有认知功能，有控制能力的，如果一个人遇到任何困难和压力，都不积极主动地去化解，总是把哭当作一种发泄的方式，久而久之，哭就可能成为一种习惯性的行为，他的主动性、积极性、应对困境的能力就会下降。

5. 换个角度看悲伤，会得到快乐

"顺利只能引导我们走向世界的一端，不幸却能将我们调转方向，让我们看到世界的另一端。"人要懂得善待不幸、辩证观事，深知很多事情从眼前看来可能是坏事，但从长远来看，也许正是幸福和快乐的先兆。

外企白领小璐有一次在和一个客户谈项目时，双方非常投机，对方突然决定立刻签订合同。可当时再通知公司主管已经来不及了，于是，小璐出面与对方签订了合同。

其实细算起来，那应该算是一笔大单。但后来公司却以她擅自越权为由，向她提出了解约。当时小璐无法理解为什么自己为企业带来了这么多的效益却

仍得不到信任。

后来，她从侧面了解到：由于她的能力很强，她在公司内部的对手向公司管理层打小报告，说她与客户私下有金钱交易。而这次她与客户签订合同，让本来疑心就重的经理下决心"炒"掉她。

对这个决定，小璐非常气愤。但冷静下来后，她认为自己在这样的领导手下和企业环境中工作，对自己未来的发展会非常不利，这次的离职其实也是自己重新发展的一个大好契机。只是以自己被"炒"为结局，实在不甘。于是她找到公司，要求由自己提出辞职。

在谈自己的经验时，小璐觉得"被炒"未必是件坏事。知名企业有它吸引求职者的巨大魅力。但同时也要看清，作为知名企业，尤其是外企，它们有自己悠久的历史、完整的体系。这些在成为企业优势的同时，也会成为个人发展的绊脚石。

伊琳·艾根曾在慈爱会中同广为美国人所敬爱的特蕾莎修女共处三十余载。在她的一本书中记述了特蕾莎修女对待人生的态度：

"一次，当我做完弥撒，和特蕾莎院长谈到人世间诸多的痛苦不幸时，她对我说：'其实，世上的痛苦又何尝不是俯拾皆是，但如果我们视其为上天恩赐的礼物，那么人们周围便会减少几许悲观，平添些许快乐……'

"不久以后，我和特蕾莎院长乘飞机去纽约。但飞机起飞前却发现了故障，被迫停飞。当时，我感到失望和沮丧，但想起了特蕾莎院长曾说过的话，便这样对她说道：'院长，我们今天得到了一份礼物——我们得待在这儿等四个小时，您不能按计划赶回修道院了。'

"特蕾莎修女听完我的话，微笑着看了看我，然后便安然地坐下来，拿出一本书，静静地读了起来。

"从那以后，每当悲伤情绪即将袭击我时，我便会用这样的话语来表达：'今天我们又得到了一份礼物''嗯，这可真是个特殊的大礼物'……而这些话竟然真有着神奇的效果，往往就在不经意间，困顿难释的心境变得开朗，莫名的烦恼也消失不见，连微笑也会在说话间悄悄爬上人们的脸颊……"

生活中不可能只有欢笑，没有悲伤。每个人的心底都会有或深或浅的悲伤。许多时候，有了悲伤的体验，你才能更珍惜快乐的惬意。因此，悲伤的时候，不妨就好好体验一下这份伤感，让身心得到一次淬炼，也许在不久的将来你就能清楚其中的益处。

【情绪调节】

"悲伤兮快乐之所倚"，这其实就是要我们学会辩证地对待悲伤情绪。悲伤情绪通过我们的自控，也会合理地转化为积极的情绪，让我们有更多的时间去做有意义的事情，而不是自怨自艾。

6. 战胜苦难，化伤痛为力量

当我们面临苦难时，要将自己的悲伤情绪进行迁移，从重压和苦难中汲取营养，寻找一丝似梦的明光。要知道，上天是公平的，把这份苦涩的礼物赏给了每一个人，以至于我们不能抱怨他的冷酷或者偏心。

春秋时期，吴越两国相邻，经常打仗。有一次，吴王领兵攻打越国，被越王勾践的大将灵姑浮砍中了右脚，最后伤重而亡。吴王死后，他的儿子夫差继位。三年以后，夫差带兵前去攻打越国，以报杀父之仇。

公元前 494 年，两国在夫椒交战，吴国大获全胜，越王勾践被迫退居会稽。吴王派兵追击，把勾践围困在会稽山上，情况非常危急。此时，勾践听从了大夫文种的计策，准备了一些金银财宝和几个美女，派人偷偷地送给吴国太宰，并通过太宰向吴王求情，吴王最后答应了越王勾践的求和。

越王勾践投降后，便和妻子一起前往吴国，他们夫妻俩住在夫差父亲墓旁的石屋里，做看守坟墓和养马的事情。夫差每次出游，勾践总是拿着马鞭，恭恭敬敬地跟在后面。后来，夫差认为勾践对他敬爱忠诚，于是就把勾践夫妇放回了越国。

越王勾践回国以后，立志要报仇雪恨。为了不忘国耻，他睡觉就卧在柴薪之上，坐卧的地方挂着苦胆，表示不忘国耻，不忘艰苦。经过 20 年的沉淀，越国终于由弱国变成了强国，最后打败了吴国，吴王羞愧自杀。

勾践卧薪尝胆，最后反败为胜。这份功业，来自他良好的心理素质，即不被苦难压垮，不在困难面前屈服。

任何时候，苦难都是英雄的营养，而英雄又何曾把苦难放在心上，自怨自艾？他们把苦难当作历练的基石，在苦难中理解人生，并获得进步的动力。因此，你不会在成功者身上看到肆无忌惮的悲伤情绪。

"身是菩提树，心如明镜台。时时勤拂拭，莫使惹尘埃。"佛家的这首偈子告诉我们，人生的烦恼往往是自己给自己编织的一个囚笼，有时候心无旁骛反而可以活得快乐。因此，不要带着悲伤上路，别把伤痛放在心上，你才能获取奋进的力量。

【情绪调节】

　　人都是握着拳头来到这个世上，然后又撒手离去的。所以不要把时间花费在积累那些终究要化为灰烬的东西上，与其让悲伤情绪困扰一生，还不如化悲痛为力量。

7. 一切都会过去，包括苦难

　　人生的道路遥遥漫长，虽然道路布满荆棘和坎坷，但能日夜行进在这条路上应该是一种幸福和快乐。因为，人生就是抗争，就是奋进，就是勇往直前，如果被眼前的困苦锁住了手脚，那么前途永远都会是黑暗的。

　　人活着，最重要的是什么？是对身边人和事的感受，也就是当事人的心情。除此之外，得或失，荣或辱，贫或富，都是过眼云烟。

　　生活中，每个人都在追寻快乐的真谛。自己期望的目标逐一实现了，但是仍然有一些问题困扰着我们。终于有一天想明白了，人活着只要快乐就好！

　　从前有一位国王得到一块价值连城的钻石，他要把钻石做成戒指，要求大臣们写一句话在纸条上放进戒指里，让他在危难之际可以拿出来看并能转危为安。大臣们饶是学识渊博，却怎么也想不出一句可以救国王于水火的话来。

　　这时候国王的老仆人站了出来，写了一句话在纸条上，要求国王到山穷水尽之时再打开来看。

　　某一日外族来侵，国王战败，独自一人逃命，而敌兵穷追不舍。逃至一处悬崖之上，国王面临万丈深渊，感到了绝望。在生死攸关之时，国王想起了那张纸条，急忙打开来看，上面写道："一切都会过去的。"国王的心顿时平静了下来。追兵在林中迷失了方向，国王转危为安，重新集结队伍，经过苦战收复了失地。

有一种说法，人活着就是吃苦。有的人无法承受这种孤独，甚至感受到了一种绝望。而有的人则从中体验到了生命的意义，他们相信苦难终究会过去，也终究会结出甜美的果实。所以，在奋斗的过程中，他们不伤感，不悲凉，反而通过磨砺变得成熟稳重。这，其实是一条成长的必经之路。

生活中，几多欢喜几多忧？胜利者欢呼雀跃疯狂至极，失败者则痛哭流涕，捶胸顿足。胜利的欢喜当然值得庆贺，但失败者又何必如此痛苦而难过呢？当你走进赛场的时候，应该知道大家面对的就只有两个答案：胜与败。胜也好，败也罢，都只代表现在，一切都会过去。

"任它雨打风吹，我自闲庭信步"，无论发生了什么，一切都会过去的。该发生的已经发生了，惊慌得像无头苍蝇一般乱窜或者绝望无措都不能解决问题。解决问题的前提是正视现状，让心平静，让头脑清醒，然后才会有正确的解决问题的方案。简单的道理，然而并非人人在事情来临时还能想到。想想自己时时为工作上的事、生活上的事烦恼头痛，事后又发现所有的事情都会告一段落，那些烦恼、躁动实在是不智之举。

如果你遭受挫折，身陷逆境面对冷遇，甚至是欺辱，请不要心灰意冷，要相信"一切都会过去"，世上没有永远的风光也没有永远的灰暗。如果你现在有权有威，请不要高高在上、飞扬跋扈、得意忘形，也请你相信"一切都会过去"。

【情绪调节】

也许我们每个人在为自己设定的目标而努力的时候，想到的总是美好的结果，往往会忽略失败的结局。我们在全力以赴奋斗的过程中遭遇失败的时候，失落可能会成为最后吞噬你的致命的恶魔。这个时候，你需要做情绪的主人，化悲伤为动力，相信一切都会过去的。

第十二章　放下后悔情绪——对已经发生的不要纠结不休

人生应该少一点顾虑，多一点希望；少一句牢骚，多一点勇气；少一点憎恶，多一分热爱。何必对一些过去了的事情耿耿于怀呢？虽然改变不了过去，但是你总可以改变自己的心情，让自己好过点。请牢记一点，真正重要的东西还握在你手里，你拥有现在和未来。

1. 不要为打翻的牛奶哭泣

泰戈尔说过："当你为错过太阳而伤神时，你也将错过星星。"无论你快乐或者痛苦，生活是不会因此而放慢脚步的。人生是一个过程，而不是一种结果，所以人一生就是把无数明天变为今天，再把今天变为昨天的过程。就算我们错过了昨天，还有好多可以把握的今天。

保罗博士曾给他的学生上过一堂难忘的课。这一个班多数学生为过去的成绩感到不安，他们总是在交完试卷后充满忧虑，担心自己不能及格，以致影响了下阶段的学习。

有一天，保罗博士在实验室讲课，他先把一瓶牛奶放在桌子上，沉默不语。学生们不明白这瓶牛奶和所学课程有什么关系，只是静静地坐着。忽然，保罗博士站了起来，一巴掌把那瓶牛奶打翻在水槽之中，同时大声喊了一句："不要为打翻的牛奶哭泣！"然后，他让所有的学生围拢到水槽前，仔细看那破碎的瓶子和淌着的牛奶。

接着，博士一字一句地说："你们仔细看一看，我希望你们永远记住这个道理。牛奶已经淌光了，不论你怎样后悔和抱怨，都没有办法挽回一滴。你们要是事先想一想，加以预防，那瓶奶还可以保住，可是现在已经晚了，我们现在所能做到的，就是把它忘记，然后注意下一件事。"

生活中，你可以设法改变三分钟以前所发生的事情产生的后果，但不可能改变三分钟之前发生过的事情。唯一能使过去有价值的办法是，以平静的态度分析当时所犯的错误，从错误中得到刻骨铭心的教训——然后再把错误忘掉。

著名的棒球手康尼·马克，谈起他对于输球的烦恼时说："过去我常常这样做，为输球而烦恼不已。现在我已经不干这种傻事了。既然已经成为过去，何必沉浸在痛苦的深渊里呢？流入河中的水，是不可能取回来的。"

不错，流入河中的水是不可能取回的，打翻的牛奶也不可能重新收集起来。但是你可以在事情发生后采取积极的态度，而不是沉浸在伤感、后悔的情绪里。

一位前重量级拳王谈到失败时说："比赛的时候，我忽然感到自己似乎老了许多。打到第十回合，我的面部肿了起来，浑身伤痕累累，两只眼睛疼得几乎睁不开，只是没有倒下罢了。我模糊地看见裁判员高举起对方的右手，宣布他获得比赛的胜利。我不再是拳王了。"

以后的日子怎么过呢？昔日的拳王尝试再次比赛，企图找回自信，但是没能如愿。接着，他面对现实，告诉自己不必生活在过去，要承受住打击，决不能让失败打倒自己。

这位前重量级拳王实现了他的诺言。他承认了失败的事实，跳出烦恼的深渊，努力忘掉一切，集中精神筹划未来。他努力地经营比赛、宣传和展览。他使自己忙于建设性的工作，没有时间为过去烦恼。这使他感到现时的生活比当拳王时的生活还要快乐。

他在不知不觉之中实践着莎士比亚的一句名言："聪明人永远不会坐在那里为他们的损失而哀叹，却情愿去寻找办法来弥补他们的损失。"

已经发生的事情，就让它过去吧，后悔也没有用。顺其自然，保持平和的心态，让当下的自己保持一份平淡，这才是生活的真谛。

不要为失去的东西而惋惜或后悔，甚至埋怨生活。要知道，真正重要的东西还握在你的手里，你依然拥有现在和未来。即使你埋怨，一切也不会改变，失去了的东西是永远也不可能回来的。

【情绪调节】

过去的已经过去，时间就像"黄河之水天上来，奔流到海不复回"，过去的历史不能重新开始，不能从头改写。所以，不必有后悔情绪，不必忧虑和悲伤，不必流眼泪。在这个世界上，人们难免有失策或愚蠢的行为，那又怎么样呢？要勇于忘记过去的不幸，重新开始全新的生活。

2. 心态豁达，不和自己过不去

一位英国哲人说过这样一句名言："人之所以不安，不是因为发生的事情，而是因为他们对发生的事情产生的想法。"也就是说，对于已成现实的事情，即使结果不好，我们也应该调整好自己的情绪，平静地接受它。

在一个乡村，有一对清贫的老夫妇。有一天，他们想把家中唯一值点钱的一头牛牵到市场上去换点更有用的东西。

老头牵着牛去赶集了。他先与人换回一头驴，又用驴去换了一只羊，再用羊换来一只肥鹅，又把鹅换了母鸡，最后用母鸡换了别人的一大袋烂苹果。在每次交换中，老头都想给老伴一个惊喜。

在回家的途中，老头扛着大袋子苹果来到一家小酒店歇息，遇上了两个商人。闲聊中，他谈了自己赶集的经过，两个商人听得哈哈大笑，还说："回去准得挨老婆一顿批评。"

然而，老头坚称绝对不会。于是，两个商人就用一袋金币打赌，如果他们说的不对，就把这袋金币送给老头。

3个人回到老头的家里。老太婆见老头子回来了，非常高兴，她兴奋地听着老头子讲赶集的经过。每听老头子讲到用一种东西换了另一种东西时，她都对老头钦佩不已，嘴里还不时地说，"哦，我们有驴子可以驮东西了""羊奶也同样好喝""哦，鹅毛多漂亮""我们有鸡蛋吃了"。

最后，听到老头子背回一袋烂苹果时，老太婆同样不愠不恼，大声说："我们今晚就可以吃到苹果馅饼了！"

结果，两个商人顿时傻了眼，没想到老太婆这么乐观积极，就这样，他们输掉了一袋金币。

俗话说，"宰相肚子里能撑船"。这位老太婆虽然不是宰相，但是她不会为失去一件好的东西而惋惜或埋怨生活，这不仅是大度，更是对生活的一种豁达。

豁达会让我们在遇到困难时，能够冷静思考，采取积极的行动，战胜它，克服它，会活得比别人更快乐、潇洒。

为什么生活中的人担心这个，忧虑那个？是因为他们缺少一颗豁达心，不懂得放下已经不存在的东西，还纠结于那些早已成为过去的东西。于是，他们埋怨自己、悔恨不已，总与自己过不去。

所以，遇到不顺心的事情，别总是后悔自己当初的决定，总抱怨自己判断失误。要学会把目光聚焦于明天，期待未来的好运程，这样一来生活中就会多一些开朗、乐观，你的生活就会饱满而充实。

【情绪调节】

与其悔恨，不如用行动改变自己。生活中的不如意难以避免，经历人生风雨的时候，豁达的心态是我们应对坎坷与挫折的良药——它能够使我们保持开阔的胸襟，积极乐观地坚守自己的人生理想，避免了因一次打击而一蹶不振的尴尬。

3. 积极反思，从后悔中吸取教训

人都有做错事情的时候，做错事就可能会后悔。产生后悔的心理并不可怕，可怕的是消极地对待后悔。有些人做错了事就强迫自己不去后悔，这样只会一直错下去，直到泥足深陷，这时再后悔或许就已经晚了。

其实，一个人只有懂得后悔，才能学会吸取教训，以后才不会再犯同样的错误。需要注意的是，产生后悔情绪时，要懂得自我控制，也就是说别让后悔情绪无限蔓延。因为，无休止地后悔和埋怨，会恶化你的情绪，且对未来毫无帮助。如果你为一件事后悔一年，倒不如用一个月的时间后悔，用剩下的十一个月去改变。

有一位同学，学习成绩很好，依他的实力本是可以考取北大或清华的，但是，为了"保险"，他第一志愿却报考了一般的重点大学，等考试成绩发下来，成绩已远远超过了北大、清华的录取线。但是这位同学并没有因为自己一时的选择失误而一蹶不振，浪费时间，而是化后悔情绪为前进的动力，在大学期间继续努力，后来考取了清华大学的研究生，完成了自己的心愿。

另一位同学，长得五大三粗，哥们义气很重，朋友被人欺了，请他"出马"，他毫不犹豫地答应了。结果，他大打出手，一不留神，将他人打残，被送进了少管所。此时的他，开始怨恨自己的鲁莽粗野，陷入无穷无尽的后悔情绪中，从此再没有精力去学习，后来自暴自弃，一事无成。

后悔是人心理上的一种遗憾感情，但是它并不是完全消极的，因为在后悔中隐含着自己对挫折、失败的反思，隐含着一种"跌倒了，爬起来"的愿望。一个人只有懂得后悔，才不会犯同类的错误，那么，下一次也许会做得更好。所以，与其强迫自己不后悔，不如从后悔中学习。

有了悔意，很正常，关键是怎么对待它，下一步怎么走。正确地对待后悔就要学会将后悔转化为深刻的经验教训，从而不断完善自己。为此，我们可以从以下几个方面入手：

（1）反思

解决问题的最好方法就是对症下药。只有知道自己为什么后悔，才能找到解决问题的方法。以后如果再遇到类似的问题，就可以做出不再让自己后悔的举动。

（2）定位

正确地估计自己的能力，找准自己的位置，就不会对自己抱过高的期望，不致因失败而心生埋怨。应该大胆地行动，同时做好为自己一切行为承担责任的心理准备。只有在行动中全面认识、锻炼自己的能力，发现自己的优势，找到自己的短处，重建自信的基底，才能减少失败免生后悔。

（3）淡化

淡化后悔的情绪并不是彻底忘记，适当地在心里保留后悔的经验教训才能在未来的处事中更加认真、慎重。而"健忘"正是屡屡犯相同错误的最根本的原因。在后悔情绪较严重的时候应该及时淡化这种情绪，投入到积极的挽救行动中去。空想是没有用的，实际行动才是解决问题的直接办法。

【情绪调节】

"人非圣贤，孰能无过，过而能改，善莫大焉"，这是自古人们就明白的道理。人都有犯错、后悔的时候，但是只要能知错，正确对待后悔，积累经验，相信终会在人生的岔路口做出自己无悔的选择！

4. 选择现在，做好自己

往事不可追。昔日的时光不论是好的、坏的，都已经过去了，受苦受难也好，幸福愉快也罢，统统都留存在了我们的记忆中，丰富了我们的阅历，锤炼了我们的思想。

不过，总有一些人，一味沉迷于对往事的怀恋或者戚戚于昨日的伤痛，这样做是完全没必要的。其实，人生最美好的时光，正是你宝贵的现在。别去后悔过去，牢牢把握当下，你的人生就会很精彩。

1973 年，英国利物浦市一个叫科莱特的青年，考入了美国哈佛大学，常和他坐在一起听课的是一位 18 岁的美国小伙子。大学二年级那年，这位小伙子和科莱特商议，一起退学，去开发财务软件。当时，科莱特感到非常惊诧，觉得现在退学还不是合适的时机。便委婉地拒绝了那位小伙子的邀请。

10年后，科莱特成为哈佛大学计算机系Bit方面的博士研究生，那位退学的小伙子也是在这一年，进入美国《福布斯》杂志亿万富豪排行榜。1992年，科莱特继续攻读，拿到博士后学位；那位美国小伙子的个人资产，在这一年则仅次于华尔街大亨巴菲特，达到65亿美元，成为美国第二富豪。1995年，科莱特认为自己已具备了足够的学识，可以研究和开发32Bit财务软件了，而那位小伙子则已绕过Bit系统，开发出Eip财务软件，它比Bit快1500倍，并且在两周内占领了全球市场，这一年他成了世界首富，一个代表着成功和财富的名字——比尔·盖茨也随之传遍全球的每一个角落。

科莱特则非常后悔，为过去的失误痛悔不已。堂堂哈佛的博士研究生，最后成为一个沉浸在后悔中不能自拔、碌碌无为的人。

是啊，不要为过去的失误而一味痛悔，也不要总沉浸在对明天的想入非非里，最重要的是要把握现在。过去的岁月也许是春风得意也许是痛苦无奈，但又有什么关系呢，日子还不是一样这么一天天地过来了。当一切都成为往事的时候，昔日里的风光无限或者艰难困顿也会随之远去，所有的经历都变成了我们珍贵的人生财富。

同样，人生是一个充满了变数的旅程，月有阴晴圆缺，人有旦夕祸福，未来对于我们而言是一个未知数。这也需要我们把握现在，做好自己。否则，未来某个时刻才意识到今天没努力，那么只有在未来后悔今天的愚蠢了。

【情绪调节】

每个人都有自己的路途，途中会出现各种各样的过客，每段经历都是生命留下的印记，不论回忆是美好的还是痛苦的，都是已经发生的。不要过多地后悔，而应调整好情绪，迎接每天新升的太阳。生命短暂，青春有限，你没有太多的时间去等待、去追忆、去痛苦。把握好现在，做好自己，你就会有更多的精力面对未来！

5. 人生没有第二次选择

苏格拉底说："没有第二次选择。人生就是如此。"在做出选择前，我们要考虑清楚，争取不留下遗憾；要是不幸有了遗憾，我们可以尽力补救；要是无法补救，我们只好勇敢地接受。事后，还沉浸在"如果"的假设中抱有后悔情绪，是毫无意义的。人生只有一次机会，世上没有一棵树能够结出名为"如果"的果实。

有一次，几个学生向苏格拉底请教人生的真谛，苏格拉底把他们带到树林边，这时正是果物成熟的季节，树枝上沉甸甸地挂满了果子。

"你们各自顺着一行果树从林子这头走到那头，每人摘一枚自己认为最大最好的果子。不许走回头路，不许做第二次选择。"苏格拉底神秘莫测地说。

学生们在穿过果林的整个过程中，都十分认真地进行着选择。等他们到达果林的另一端时，老师已在那里等候着他们。

苏格拉底问："你们是否都完成了自己的选择？"

学生们你看着我，我看着你，都不回答。

苏格拉底接着问："怎么啦？孩子们，你们对自己的选择满意吗？"

一个学生请求说："老师，让我再选择一次吧！我走进果林时，就发现了一个很大很好的果子，但是，还想找一个更大更好的。当我走到最后，却发现第一次看见的那枚果子就是最大的。"

另一个学生接着说："我和他恰巧相反，走进果林不久就摘下了一枚自认为是最大最好的果子，可是后来我发现，果林里比我摘下的这枚更大更好的果子多的是。老师，请让我也再选择一次吧！"

这时候，其他学生一起请求："老师，让我们都再选择一次吧！"

苏格拉底坚定地摇了摇头："孩子们，没有第二次选择，这是游戏规则。"

人生没有回头路，没有第二次选择。很多事情，当你经历过才发现自己没有好好把握；很多人，当你错过后才懂得珍惜。但往事不再现，光阴一去不复返，你只能黯然神伤，悔恨不已。其实，既然无法挽回过去，还不如坦然面对当下，珍惜当下，从容做好下一次选择。

珍惜我们当下拥有的，珍惜离我们心灵最近的，珍惜我们最容易熟视无睹的，珍惜我们常常在不经意间失去的。

所以，聪明的人总会在每天早晨醒来时，问一问自己，今天我应该做些什么？而当每天晚上睡觉时，再同样问一问自己，今天我都干了些什么？今天应该做的事情，决不推到明天。因为，常常有人由于只偷得了一分钟的闲，却换来了一生的悔恨，尽管悔恨总比满不在乎好；一定要最真实地把握住当下，不要只是生活在期望中，虽然生活中不能没有期望。那么怎么才能把握当下呢？

（1）你需要保持快乐的心情。正如美国总统林肯所说的"大部分的人只要下定决心都能很快乐"。因为快乐是来自内心的，而不是存在于外在。有了快乐的心情，就能保证你以饱满的情绪去迎接困难的到来。

（2）你需要一个健康的身体。你要参加运动，使它能成为你争取成功的好基础。

（3）你需要学一些有用的东西。这些有用的东西会成为你成功必备的技能。

（4）你需要制订一个计划。你最好写下下一个小时该做什么事，也许你不会完全照着做，但依然还是要订下这个计划，因为这样至少可以免除两个缺点：过分仓促和犹豫不决。

（5）你需要做到心中毫无惧怕。你不要怕失败，只有勇往直前，才能到达胜利的彼岸。

愚蠢的人总是在回忆和后悔中消耗时间。光阴似箭，最最实在的就是当下这一秒钟，请抓住它，利用它。当下永远胜过过去和未来，因为只有它属于你。

【情绪调节】

慎重对待当下：当下对任何人都是唯一的，人生没有第二次选择。过去不复存在，未来尚很遥远，唯有当下，才是我们最应该珍惜的。活在当下，给了我们一种绝妙的生活方式。"已得到"并不重要，"已失去"并不可悲，我们需要掩埋过去，无论那里是伤痕还是荣耀。明天难以把握，年轻不是借口，我们需要理想，但更需要行动来完成自己的目标。所谓珍惜，只是把握当下这一刻，因为，每个人唯一拥有的只有当下。

6. 想得开才是天堂

有这样一种情况，许多人喜欢跟自己较劲。有时候，这种坚持是必要的，但是许多时候却是一种藩篱。"不到黄河不死心"，时光匆匆过，恐怕别人已经欣赏了更多美景，而你还在原地坐困愁城。要知道，面对同一件事，想得开是天堂，想不开是地狱。

有个女孩很要强，总是怕别人看不起自己。考大学那年，因为过分地担心考不好，她就整天开夜车，最后由于体力不支，临考前病倒了，结果只上了一个二流大学。

后来，她参加工作，遇到任何事情都积极参加，却总会在大多数时候好心办坏事，屡次被辞退，事业毫无起色。

终于她结婚了，本来寄希望于家庭幸福的她又失望地发现，老公不能给自己更好的生活基础，对自己越来越漠不关心。于是，她整天吵着和老公闹离婚，孩子的学业也受到影响，整个家庭鸡飞狗跳。

在这样的生活中，天伦之乐，以及其他原本该有的快乐似乎离她很远很远。每天，她都后悔自己当初的选择，结果心情越来越糟糕。

生活真的对她不公平吗？难道真的是选择的错误吗？究竟是哪里出了问题呢？让我们看看另一位女孩的经历吧！

这个女孩与上一个女孩相反，她总是一副无所谓的样子，似乎天大的事都不放在心上。考大学时，别人都急得像热锅上的蚂蚁，吃不好睡不好，她却吃得饱、睡得香。有人问她为什么不着急，回答是："急也没用，反正该学的我也学了，考成什么样子就什么样子呗。"结果，她超常发挥，高兴地考进了自己梦寐以求的大学。

工作后，身边的人都巴结领导，希望获得一个更好的岗位，她却按兵不动，在自己的职责中开心做事。过了几年，她由于工作经验丰富、执行到位，被委以重任，担任要职。

结婚前，身边的姐妹都挑来挑去，生怕嫁得比别人差，她却找了一个很普通的人。婚后，老公对她很好，几年后两个人就通过奋斗，拥有了该有的一切。因为不苛求，反而收获了无尽的快乐，也让成功在该来的时候到达了身边。

生活中有太多的东西值得我们去追求，但是我们又没有足够的精力，这就常常使我们因为没有达到目的而感到后悔。因此，不要悲伤，不要难过，鱼和熊掌不可兼得，面对两难的选择时，要学会放弃其中一个，决不后悔。

许多人都在问一个相同的问题：生活幸福的奥秘是什么？其实答案很简单，它就是"看得开"。无论面对顺境还是逆境，无论承受压力还是闲庭信步，都能泰然处之，不为无谓的得失苦恼，过好当下的每一刻，这就是唾手可得的幸福人生。

【情绪调节】

人的一生中有许许多多的欲求，有的能得到，有的永远都得不到。这世上形形色色的人群，有成功的人，也有相对落魄的人。许多时候，看开一切，不但内心愉悦，也更容易轻装前行，去接近心中的梦。

第十三章 战胜挫折情绪——锻造屡败屡战的魄力

生活态度积极的人，内心必定充满活力，即使是突然下起的暴雨，他也认为是上天赐予的甘霖。再大的困难他都不以为意，因为事情再麻烦，他也会笑着说"没关系，小事一件"。面对挫折，他懂得感恩，心存感激，并把不满化作前进的动力，这样的人不会有人生低谷，他会永远屹立在生活的最高峰。

1. 挫折是"家常便饭"

漫漫人生路，总是苦乐相掺，悲喜相伴，而挫折坎坷又往往比平坦之路更多。因而挫折会伴随每个人的一生。

适度的挫折具有一定的积极意义，它可以帮助人们驱走惰性，使人奋进。挫折又是一种挑战和考验，英国哲学家培根说过："超越自然的奇迹多是在对逆境的征服中出现的。"关键就在于我们应该如何去面对挫折。

贝多芬是伟大的交响乐音乐家，他创作出了许多脍炙人口的作品，而这种成就的获得却并非一帆风顺，而是充满了艰辛。但是正由于贝多芬笑对种种苦难，才最终成就了自己辉煌的人生。

贝多芬的父亲是一位宫廷男高音歌手，在他的教导下，贝多芬从 4 岁起就学习弹钢琴，并对长笛、小提琴、中提琴等进行了广泛了解。17 岁时，母亲去世，父亲终日饮酒，于是家庭的重担落到了贝多芬的肩上。后来，他到各地学习知识，接受系统的音乐教育，使自己的事业逐渐发展起来。

然而不幸和打击却意外地接踵而来。27岁那年，贝多芬患了耳聋症，并且病情日益恶化，这严重威胁到贝多芬的音乐生命。到了中年，贝多芬的耳朵已完全丧失了听力，但是，耳聋之后，他立下誓言："我将扼住命运的咽喉，它决不能使我完全屈服。"

正是这种坚如磐石、堪泣鬼神的意志，使他登上了艺术殿堂的高阶。在漫长的时间里，贝多芬没有放弃自己的音乐理想，他不停地耕耘，先后创作出《月光奏鸣曲》《第二交响乐》《克莱策奏鸣曲》《第三交响乐》《曙光奏鸣曲》《热情奏鸣曲》等作品，赢得了"交响乐之王"的称号。

"天才是百分之一的灵感，百分之九十九的汗水。"这是爱迪生留给我们的颇有见地的名言。想要获得自己期望的幸福、成功、快乐，我们必须付出自己的努力，特别是在遭遇挫折时，更不能轻易放弃。

世事常变易，人生多艰辛，我们对生活的发展要有一个清醒的认识，不可奢望一劳永逸的结果。古往今来，凡是拥有大志、成就大事的人，都饱经磨难、备尝艰辛。

既然苦难和挑战不可避免，我们就要学会不在逆境中沉沦，笑对逆境，奋起抗争。遭遇挫折的时候，应该懂得从如下两个方面努力：

（1）在挫折中磨砺自己

生活中的挫折和磨难，并不都是坏事。平静、安逸，舒适的生活，使人安于现状，贪于享乐。接受挫折和磨难的考验，才使人变得坚强起来。"自古雄才多磨难，从来纨绔少伟男。"痛苦和磨难扩大我们对生活的认识范围和认识深度，使自己更加成熟。帮助我们认识人事关系的复杂性，通过总结经验，改进自己，使我们在调整和处理人际关系上学到更多的东西。"水激石则鸣，人激志则宏。"

成就事业的过程往往也就是战胜挫折的过程。强者之所以为强者，在于他们遇到挫折时根本没有消沉和软弱，他们善于克服自己的消沉和软弱。挫折的积极作用，就是激发人的进取心，磨炼人的性格和意志，增强人的创造力和智慧。使人面临问题时能更清醒，从而增长知识和才干。

（2）快速突出重围

身陷逆境的时候要善于从中寻找逆境出现的原因，以及解决问题的方法和途径。无论是主观上的过错，还是客观条件的改变，都会给我们带来麻烦。然而重要的问题是主动解决问题，这样就能避免过分抱怨，从而获得突破。

【情绪调节】

拿破仑曾说过这样一句话："最困难之时，就是离成功不远之日。"成功必定是要经过反复多次磨炼的，所以我们应该好好珍惜。遇到挫折，我们只有相信自己，才会有勇气去迎接挑战，才不会在困难和挫折面前打退堂鼓。学会面对挫折，也是生命的一种馈赠，因为人们真正的奋起，往往始于挫折。

2. 提高"抗挫折力"，获得"逆境情商"

有人说："在最黑暗的土地上生长着最娇艳的花朵，那些最伟岸挺拔的树总是在最陡峭的岩石中扎根，昂首向天。"人们所经历的每一次不幸并非都是灾难，早年的逆境通常对于人生来说是一种幸运。与困难做斗争虽然磨破了我们稚嫩的双手，也为日后更为激烈的竞争准备了丰富的经验。

有两句古诗这样写道："欲渡黄河冰塞川，将登太行雪满山。"人生中不如意的事情是经常发生的。经受过大挫折比如逆境的人，对小挫折就不在意了；从来没有受过挫折的人，稍有不如意就会产生激烈的情绪反应。

心理学上有个名词：抗挫折力——也就是一个人对挫折的承受能力。抗挫折力的大小，同人的经历有关，也同人的意识、意志有关。一个能够正确对待挫折，意志比较坚强的人，在同样的不如意面前，他的情绪波动相对就比较小，挫折耐力则相对比较高。

美国斯坦福大学的医学家对 65～75 岁老人进行的一项调查表明：心力强盛的人比心力交瘁的人平均多活 4.8 岁。所谓"心力强"，主要表现在三个方面：一是为完成某项事业而活，即使已老却仍忘年地工作，不知疲倦，总觉得自己年轻。二是为完成某种责任而活，或为后代求学，或为老伴有依靠等，总觉得自己应该努力地去工作，积攒财富，干什么都觉得有滋味。三是以平静的心态对待疾病，或曰"心理抗争力"强，这种人病后容易康复。这最后一条"心理抗争力"强，其实就是抗挫折力。

显然，一个人抗挫折的能力越强，那么他的心理素质就越好，其成功的概率也就越大。这样的人，是高情商的人。为此，有专家提出了一个"逆境情商"的概念（AQ），用以测试人们将不利局面转化为有利条件的能力。

让我们来看一个"逆境情商"高的实例：

山里住着一位以砍柴为生的樵夫，他不断地辛苦建造，终于完成了一间可以遮风挡雨的房子。

有一天，他挑着砍好的木柴到城里交货，黄昏回家时，却发现他的房子起火了。左邻右舍都前来帮忙救火，但是因为傍晚的风势过大，没有办法将火扑灭，一群人只能静待一旁，眼睁睁地看着炽烈的火焰吞噬了整栋小屋。

当大火终于灭了的时候，只见这位樵夫手里拿了一根棍子，跑进倒塌的屋里不断地翻找着。围观的邻居以为他在翻找藏在屋里的珍贵宝物，所以都好奇地在一旁注视着他的举动。

过了半晌，樵夫终于兴奋地叫着："我找到了！我找到了！"邻人纷纷向前一探究竟，才发现樵夫手里捧着的是一片斧刀，根本不是什么值钱的宝物。

只见樵夫兴奋地将木棍嵌进斧刀里，充满自信地说："只要有这柄斧头，我就可以再建造一个更坚固耐用的家。"

在上面的故事中，这个樵夫抗挫折的能力是那么强，面对灾难根本没有丝毫的苦涩。这样的人，再大的灾难对他来说只是奋进的动力，而不是一蹶不振的理由。在这些人身上，你根本看不到失败的情绪，只能听到战斗的呐喊声。

那么，我们应该怎样提高自己的"逆境情商"呢？概括起来，应对逆境的能力可以分解为四个关键因素，即控制、归属、延伸和忍耐。

（1）控制就是认清自己改变局面的能力；

（2）归属是指承担后果的能力；

（3）延伸是对问题大小及其对工作生活其他方面影响的评估；

（4）忍耐是指认识到问题的持久性，以及它对你的影响会持续多长时间。

要调整好这四个关键因素，就要对每个问题都进行这样的思考：这个问题导致的今后两天必然发生的结果是什么？对于这些必然结果，你最有可能改变的是哪些？怎样做能防止问题的扩散？有什么迹象表明问题的后果会持续很长时间？

遇到麻烦的时候，或者灾难降临的时候，习惯性地做出这样的思考，你就可以有效减少不必要的恐慌，并及时确定事情的轻重缓急，把握事态的进展，尽早走出逆境。

【情绪调节】

许多时候，人们的挫折情绪来自对外界事物的畏惧。挫折来临时，产生担忧，就属于这种情况。所以，不要左顾右怕，才能有更多自信，不被风浪击倒。最后，需要牢记的是，苦难不会长久，强者却可长存。人的一生就是不断地在挫折中奋战，萌生希望实现理想，渐渐走向幸福彼岸的过程。

3. 培养战胜挫折的意志

人在挫折面前是很容易丧失奋斗精神的，一些人常见的表现是觉得人生无聊，萎靡不振，而后便自我逃避，自暴自弃。有的人借酒消愁，却是愁上加愁。有的人行为趋向孤僻，对生活只剩逃避，全无期许。

其实，挫折并不可怕，你软弱，挫折就像绳子一样捆住你的双脚；你坚强，挫折就会被你挣脱。因此，面对挫折的时候，个人意志的强弱，决定了你面对挫折的态度，以及你将采取的行动。培养战胜挫折的意志，就是在锻造我们稳健的心理素质。

著名考古学家谢里曼年轻时在一家公司任职，有了经济基础后便向自己一直暗恋着的著名影星敏娜求婚，不料敏娜早已和别人订婚。这是他一生中不能挽回的一次情感失败。

经历过感情的失败，他并没有倒下，而是用更坚强的意志投入商业。他在经商贸易中获得大笔利润，业务蒸蒸日上，不久便成为商界巨富。但他并不因此而稍有懈怠，反而更勤奋地学习古希腊语和拉丁语，为实现少年时代的梦想而坚持不懈地努力着。

42 岁时，谢里曼为能顺利发掘特洛伊遗迹而做了大量的准备工作。谢里曼说："现在我所拥有的财富，已经无比丰厚，表示我从年少时一直梦想得到的果实已经成熟了。回想经商之初，生活虽然忙碌紧张，我却一刻也不曾忘记特洛伊遗址，我有决心一定要达到目标。""过去的我由于经济不宽裕，因而致力于累积财富，以此作为实现梦想的物质基础。现在金钱财力对我似乎已经不再是难题，目标好像俨然近在眼前，所有的血汗都不会白流。对于经商贸易，我将不再多费心力，我将把后半生投入到使美梦成真的行动中。"

谢里曼无比激动地说："要下这样的决心，所遭遇的困难简直是一言难尽，尽管一次又一次遭受失败的打击，但我总是咬紧牙关去克服，盼望早日达到目标，完成我用一生做赌注的伟大理想。"

最终，谢里曼成功地实现了自己的梦想，特洛伊遗迹的出土，标志着他为世界考古学做出的辉煌贡献。

面对挫折，谢里曼不改初衷，坚持自己的梦想，并为此不懈奋斗，所以最后获得了成功。显然，一个人的意志越坚定，那么他就越有抗击挫折的力量。然而，生活中却总有另一些人，会因无法克服困难而堕落下去，这种自暴自弃的做法注定让他们一事无成。

法国著名作家福楼拜曾这样激励人们："你一生中最光辉的日子，并非是成功那一天，而是能从悲叹和绝望中涌出对人生挑战的心情和干劲的那一刻。"成功仅仅是人们努力付出所收获的一个成果而已。这个世界上最美的不是成功，而是能在逆境中保持继续奋斗努力的精神，从而不断去追逐成功的过程。

所以说，性格决定命运。一个意志坚定的人，即便遭受再大的打击，也不会被环境压垮，反而越挫越勇，这样的人生是快慰的，是令人称道的。因此，一个人越是不畏惧挫折，他就越能办大事，成大业，挫折情绪根本伤不了他一丝一毫。

【情绪调节】

战胜挫折，突破逆境，最终还是要靠当事者自己，充分发挥人的主观能动性，通过自我意识对失败心理进行控制和调节，预防并克服消极的情绪，进而产生积极的行动反应。

4. 看开"得"与"失"

世上有许多事情的确是难以预料的。得也好，失也罢，总是相生相伴的。当好事降临时，不要狂喜，也不要盛气凌人，把功名利禄看轻看淡一些。当祸事侵袭时，不要悲伤，也不要自暴自弃，把厄运挫折看开一些，也许厄运不经意间反为你带来福气。这样，我们才能在挫折中多一些淡定。

有一艘船遭遇海浪，最终沉没了，唯一的一位幸存者被冲到了一座荒岛上。这位幸存者每天都站在海边翘首以待，希望有船将他救出。然而，时间一天一天地过去，他望眼欲穿，也没有看到船的影子。

为了活下去，他费尽周折，从岛上捡来了一些树木枝叶，搭建了一个"家"。为了求得心灵的慰藉，他还坚持每天默默地向上天祈祷。

但是，不幸的事还是发生了。有一天，当他外出寻找食物的时候，一场大火顷刻间把他的"家"化为了灰烬，他眼睁睁地看着滚滚浓烟消散在空中，悲痛交加，眼中充满了绝望。

第二天一大早，当他还在痛苦中煎熬时，风浪拍打船体的声音惊醒了他，一只大船正向他驶来。他得救了。

事后，这位幸存者问解救自己的人："你们是怎么知道我在这里的？"对方回答："我们看见了你燃放的烟火信号。"

从这个故事中，我们可以得到这样的感悟：人的一生，总在得失之间，在失去的同时，或许往往另有所得。只要认清了这一点，就不至于为失去而追悔莫及，就能生活得安心。

生活中，人都欢喜得，不欢喜失，但是"塞翁失马，焉知非福"。有句话说得好，"失之东隅，收之桑榆"。有时候，失去了金银财宝，但得到了一家人的安全。失之固然可悲，可谁又知道祸兮不是福之所倚呢？

可见，只要正视人生的得失，月亮即使有缺，也依然皎洁；人生即使有憾，也依然美丽。那么，如何在漫长而充满艰险的人生中正视得与失呢？

（1）对于得失，态度要坦然

所谓坦然，就是生活所赐予你的，要好好珍惜，不属于你的，就不要自寻烦恼，此其一。其二，就是得失皆宜。得而可喜，喜而不狂；失而不忧，忧而不虑。这种态度，比那种患得患失、斤斤计较的态度要开朗，比那种得不喜，失不忧的淡然态度要积极，要有热情。患得患失是不理智的，得失不计是不现实的。该得则得，当舍则舍，才能坦然地面对得与失，找到生活的意义。这样的得失观才是比较健康的。

（2）对于得失，认识要分明

在生活中，有的"得"不是想得就能得的，有的"失"不是想失就可失去的。有的"得"是不能得的，有的"失"是不应失的。谁得到了不应得到的，就会失去应该拥有的。嗜取者取得不义之财的同时，就失去了不应失去的廉正。因此，当得则得之，当失则失之。

（3）对于得失，取舍要明智

必须权衡其价值、意义的大小，才能在取舍得失的过程中把握准确，明白该得到什么，不该得到什么；该失去什么，不该失去什么。比如，为了熊掌，可以失去鱼；为了所热爱的事业，可以失去消遣娱乐；为了纯真的爱情，可以失去诱人的金钱；为了科学与真理，可以失去利禄乃至生命。但是，绝不能为了得到金钱而失去爱情，为了保全性命而失去气节，为了取得个人功名而失去人格，为了个人利益而失去集体乃至国家和民族的利益。

【情绪调节】

人生在世，需要有一种放弃的智慧。得、失都是一样，有得就有失，得就是失，失就是得。所以一个人最高的境界，应该是明白其实世上本无得失。但是人们往往深陷这种纠结之中，都是患得患失，为得失欣喜若狂，或者一蹶不振，这实在是自讨苦吃。塞翁失马，你怎晓得是福还是祸呢？得失之间，还是看开一些更好，让活在当下的我们减少不必要的焦虑和烦恼。

5. 对自己说声"不要紧"

新年来到，人们总会相互祝福"万事如意"。这是人们美好的愿望，但现实往往不能使我们如愿以偿。当你受到打击时，请说声"不要紧"，振奋起精神，勇敢地面对命运的挑战；当你受到挫折时，请说声"不要紧"，你就有勇气去面对人生，再攀高峰。

王芳爱上了一位英俊潇洒的帅小伙，她确信这就是自己的白马王子。可是，有一天晚上，小伙子温柔婉转地告诉她："我只把你当作普通朋友。"

听到这里，王芳一下子蒙了，不相信这个残酷的事实。朋友劝告她，说："不要紧，有什么大不了的，天下的好男人多得是呢。"

"要紧得很。"王芳辩解，"我爱他，没有他我就不能活。"

后来，妈妈这样劝解她："不要紧。你先静下心来，好好体会一下'不要紧'这三个字，问一下自己那个小伙子到底有多要紧。"

是啊，白马王子很要紧，可是自己也很要紧啊，自己的快乐也很要紧。显然，没有一个人会希望和一个不爱自己的人结婚。想到这里，王芳释然了很多。

就这样，日子一天天过去，她发现没有那个小伙子，照样可以生活得很好。她仍然能快乐，并且相信将来肯定会有另一个人进入自己的世界。不久，她果然恋爱了。这时候，王芳才恍然大悟，原来没有什么是真的要紧，不可失去不能取代的。

人生在世，有许多使我们的平和心情和快乐情绪受到威胁的事情。细想开来，许多让我们急切、焦虑的事情，往往是不要紧的，或者不像我们所想象的那样要紧。

或许你会因一时的疏忽而漏做一道考题，或许你会因无意的举动而受到一次批评，又或许你会因偶尔的闪失而错过一次重要的机会，每当此时，请你悄悄地对自己说："不要紧。"

初恋情人离你而去，不要紧，你仍可以在这个世界上活下去，心爱的人总会来到你身旁；领导对你持有偏见，不要紧，你仍可以在这里待下去，总有一天他会全面地了解你……偶尔的闪失，也不过是美中不足，总有机会可以弥补。

总之，当你因为挫折而失落时，请你对自己说一声"不要紧"。别让挫折阻挡我们前进的步伐，也别让它影响我们美好的心情，要知道，生活本身就是充满阴晴变化的，这才是真实的人生。

【情绪调节】

一个人，在生命的长河里搏击，总会遇到激流，途经险滩。许多威胁我们情绪健康的事其实是无关紧要的，或不像我们所以为的那样重要。如果对那些无关紧要的事太介意，你就会被生活负累所压倒，各种不良情绪就会接踵而至，最后打垮你的人一定是你自己。所以别总是畏首畏尾，总把挫折放在心上，若时刻都能让自己保持一个好的精神状态，就没有什么事情是真的可怕的了。

6. 永不言弃

成功者与失败者作为一个"人"并没有多大的区别，只不过是失败者走了九十九步，而成功者走了一百步。失败者跌下去的次数比成功者多一次，成功者站起来的次数比失败者多一次。

当你走了一千步时，也有可能遭到失败，但成功却往往躲在拐角后面。有些人之所以成功，正是因为坚持走完了最后这一步。屡败屡战的林肯，就是这样一个不服输的人。

1832年，林肯失业了，这显然使他很伤心，但他下定决心要当政治家，当州议员。然而糟糕的是，他竞选失败了。在一年里连遭两次打击，这对他来说无疑是非常痛苦的。

接着，林肯着手自己开办企业，可一年不到，这家企业又倒闭了。在以后的 17 年间，他不得不为偿还企业倒闭时所欠的债务而四处奔波，历尽磨难。

然而不久以后，林肯再次决定参加州议员竞选，这一次他成功了。他内心萌发了一丝希望，认为自己的生活有了转机："也许我能够更成功！"

1835 年，他订婚了，但离结婚还差几个月的时候，未婚妻不幸去世。这对林肯在精神上的打击实在太大了，他心力交瘁，数月卧床不起。1836 年，他得了神经衰弱症。

1838 年，林肯觉得身体状况良好，于是决定复出竞选州议会议长，可他却失败了。1843 年，他又参加竞选美国国会议员，这次仍然没有成功。

林肯虽然一次次地尝试，但却也一次次地遭遇失败：企业倒闭、未婚妻去世、竞选败北。可林肯有着执着的性格，他没有放弃，他也没有说"要是失败会怎样？"1846 年，他又一次参加竞选国会议员，最后终于当选。

两年任期很快过去了，他决定要争取连任。他认为自己作为国会议员的表现是出色的，相信选民会继续选举他。但结果很遗憾，他落选了。

因为这次竞选他赔了一大笔钱，林肯申请当本州的土地官员，但州政府把他的申请退了回来。接连又是数次失败，1854 年，他竞选参议员，结果失败；两年后他竞选美国副总统提名，结果被对手击败；又过了两年，他再一次竞选参议员，还是失败了。

林肯尝试了 11 次，可只成功了两次，但他一直没有放弃自己的追求，他一直在做自己生活的主宰。1860 年，他终于当选为美国总统。

林肯实现梦想最重要的方法是永不放弃，坚持到底。他的经历告诉我们，唯有经得起风雨考验的人，才能成为最后的胜利者。想做出一番事业，就要不到最后关头决不因挫折而伤感自弃。

一个人克服一点困难也许并不难，难的是能够持之以恒地坚持下去。因此，任何人想干成一件大事，首先要经受心理的极限挑战。

从某种意义上说，失败的人之所以不成功，是因为他们无法克服遭遇挫折带来的失败体验，这种感受折磨着他们的身心，直到他们倒下去，彻底绝望为止。所以，成功的要义首先是战胜挫折情绪。

【情绪调节】

生命不过匆匆几十载，活着就要有活着的意义，即使我们通过努力也达不到我们的梦想，那么永不言弃也是一种成功。在现实生活中，往往有许多人对失败太早下定论，遇到一点点挫折时就对自己的工作产生了怀疑，于是半途而废，致使前面的努力全部白费，功亏一篑。因而唯有经得起风雨考验不动摇的人才是最后的胜利者。